難以想像、不可思議的現代祕密道具展

大家知道嗎？早在 2112 年哆啦 A 夢誕生之前，有些祕密道具就已經被發明出來了。下列這些照片介紹的物質與儀器都是運用現代的高科技技術製作而成的，你知道它們是什麼嗎 ？

透明橡膠 ？不，你猜錯了。我們身邊所有物品幾乎都是用它製成的。

相關頁面 P42

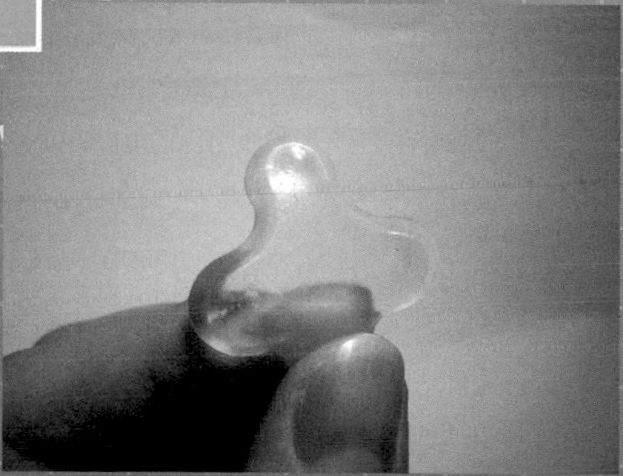

影像提供／東京大學相田研究室

這是體重計嗎 ？給你一點提示：它是會說話的〇〇〇。

相關頁面 P192

影像提供／夏普

影像提供／日本國立研究開發法人
產業技術綜合研究所

認為這是麥克風的人，你的想法太奇特了。這是與音響有關的器材，不過使用方法出乎意料。

相關頁面 P48

除了省油之外，汽車功能也不斷進化！

這是巨型輪胎？交通工具？不管是什麼，人可以推著走，看起來真奇怪。這是在丹麥製造的產品，從下方的照片看來，人還可以躺在裡面！

相關頁面 P26

影像提供／N55

房間裡明明沒有太陽，卻種了許多植物，究竟是怎麼一回事呢？

相關頁面 P84

影像提供／Pasona Group

哆啦Ａ夢的漫畫中出現過許多與汽車有關的祕密道具，不過，現代也研發出不少長得很像祕密道具的汽車！

影像提供／慶應大學稻見研究室

上方照片中駕駛人在倒車時不容易看清楚後方狀況，因此難度較高。但倒車時只要看一眼駕駛座旁的螢幕（右邊照片）就能穿透後座，清楚看見後方景物。這項技術未來或許也能運用在「透明披風」上。

相關頁面 P196

▲ 直接用眼睛看時是普通的座椅，並非使用透明材質製成。

影像提供／ Google

乍看之下是普通汽車，其實是一輛擁有特殊能力的車子，透過高科技技術實現其他汽車不可能做到的事。

相關頁面 P54

從生物身上學到的智慧與技術

生物為了能夠生存下來，身體會不斷進化。近年來的研究，釐清了許多生物的生存本能。

這是可以不斷重生(?)的燈塔水母。一般水母產卵後就會死亡，但燈塔水母會隨著老化而變成圓球，沉入海底。接著長出像樹枝一樣的管子。此時燈塔水母長得就像一株植物般，而它身上的這些小樹枝會變成小水母，再度復活。

相關頁面 P58

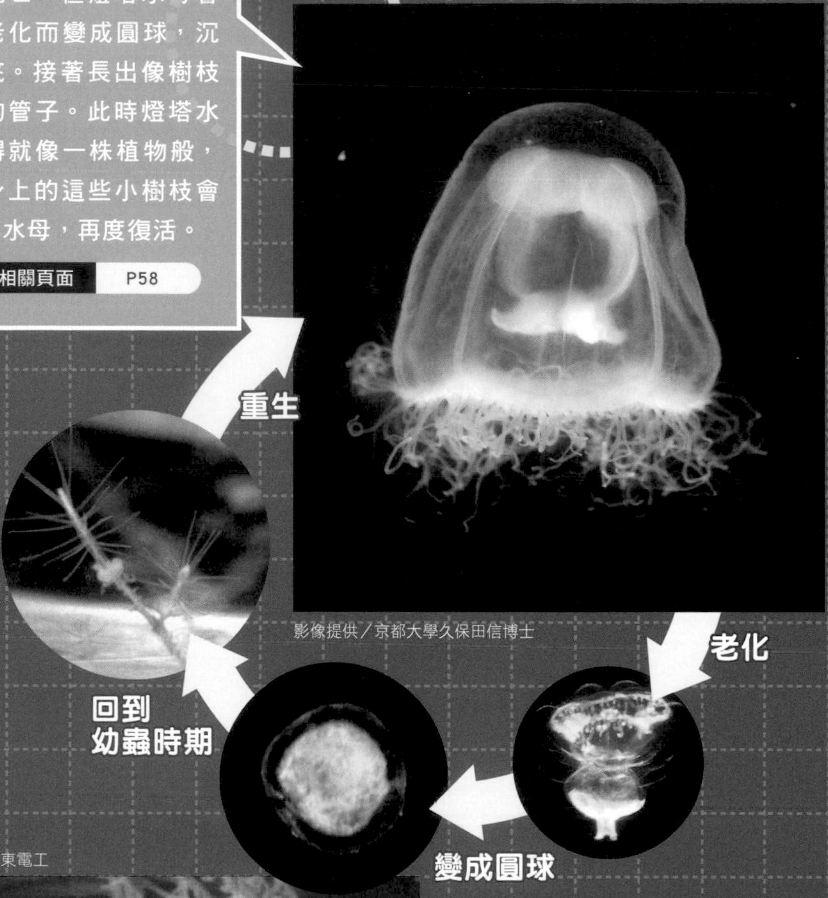

影像提供／京都大學久保田信博士

影像提供／日東電工

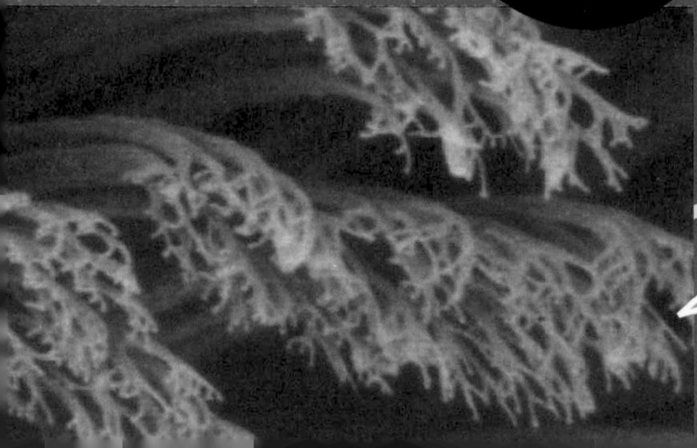

這是壁虎趾尖內側的顯微照片，大家知道這是用來做什麼的嗎 ？

相關頁面 P88

哆啦A夢科學任意門

DORAEMON SCIENCE WORLD special

神奇道具大解密

哆啦A夢科學任意門 SPECIAL
神奇道具大解密

目錄

關於這本書

本書以問答形式，解析現代科技技術是否能製造哆啦A夢的祕密道具，抑或目前正在發展中？閱讀本書內容，可以深入了解二十一世紀的最尖端科學技術，以及生活中容易被忽略的高科技製品。

本書不僅在探究哆啦A夢的祕密道具使用何種高超科技，也有助於現代科學家、技術人員、研究所與企業發想各種創意與巧思，開發出更實用的產品以及對人類有益的商品。

※未特別載明的數據資料皆為二〇一三年一月的資訊。

刊頭彩頁

●難以想像、不可思議的現代祕密道具展
●除了省油之外，汽車功能也不斷進化！
●從生物身上學到的智慧與技術

Q「更衣照相機」已經有店家在使用了！這是真的嗎？	6	A（答案）…… 8
Q 如果有「任意門」，真的可以到任何地方去嗎？	10	A …… 12
Q 現代科技是否可以讓我們夢見自己想做的夢？	14	A …… 16
Q 如今已有類似「即食罐頭」的商品問世，請問大多在何處使用？	18	A …… 20

Q 能改變物體大小的祕密道具，真的能實現嗎？…… 22　A …… 24
Q 現在真的有可以搬運的房子嗎？…… 26　A …… 28
Q 祕密道具的機器人有分人類和動物等造型，為什麼哆啦Ａ夢是貓型機器人？…… 30
漫畫 安慰機器人 …… 32　A …… 40
Q 是否有像「水加工粉」一樣的物品，能將水凝固後用於其他用途？…… 42　A …… 44
Q 吃了「延聲糖」的人如果出聲後才聽見自己說話的聲音，會發生什麼事情？…… 46　A …… 48
Q 聽說現在已經有「翻譯蒟蒻」，這是真的嗎？…… 50　A …… 52
Q 現在已經有無須人類駕駛的汽車，這是真的嗎？…… 54　A …… 56
Q 雖然「時光布」很方便，但現代技術是否很難製作出來？…… 58　A …… 60
Q 二十二世紀運用何種科技發明「竹蜻蜓」？…… 62　A …… 64
Q 現代科技可以實現媲美「太陽能乾冰源」的夢幻能源嗎？…… 66　A …… 68
Q 為什麼看起來很窮的哆啦Ａ夢，可以使用那麼多祕密道具？…… 70
漫畫 四次元垃圾桶 …… 72　A …… 82
Q 在「快樂的假日農業組」中，早已實現的工具是哪一款？…… 84　A …… 86

Q 為什麼許多祕密道具都是利用動物的能力？……88 A（答案）……90
Q 現代科技是否能實現「瞬間膠槍」？……92 A……94
Q 現代科技是否能消除噪音或歌聲？……96 A……98
特別專欄 道具存在的目的不是只有方便而已？……100
Q 搭乘「時光機」時如果只移動時間，將會發生什麼結果？……102 A……104
Q 可以使用祕密道具賺錢嗎？……106
漫畫 萬能公司……108 A……118
Q 已經有人製造出「空氣蠟筆」，這是真的嗎？……120 A……122
Q 可以製作出以人類為對象的「驚音波驅蟲機」嗎？……124 A……126
Q 搭乘「時光機」到未來與回到過去，哪一項比較困難？……128 A……130
Q 人體是否也能像「蜥蜴液」一樣可以再生還原？……132 A……134
Q 現在已經有人研發出「變暗燈泡」？這是真的嗎？……136 A……138
Q 是否有可以讓所有料理都變美味的調味料？……140 A……142
Q 現代科技是否能做出「平衡溜冰鞋」？……144 A……146

Q「追蹤徽章」已邁入實用化？……148 A……150
Q「四次元口袋」的四次元指的是什麼？……152 A……154
Q 哆啦A夢老是與大雄吵架或放任大雄不管，身為機器人，可以這麼做嗎？……156
漫畫 垂頭喪氣的哆啦A夢……158 A……171
特別專欄 機器人是敵人還是朋友？……173
Q 我們可以像「傳聲大砲」一樣傳遞聲音，讓遠處的人聽見嗎？……174 A……176
Q「增殖藥水」是很危險的祕密道具？……178 A……180
特別專欄 如果一個道具無法滿足需求……182
Q 我們可以像「天氣箱」一樣控制天氣一會兒下雨，一會兒放晴嗎？……184 A……186
Q 我們可以像「夢境電視」一樣，偷看別人做的夢嗎？……188 A……190
Q 現在已經有與「房子機器人」一樣的家，這是真的嗎？……192 A……194
Q 現代科技能像「透明披風」一樣讓人隱形？……196 A……198
Q 我們可以像「人體遙控器」一樣，控制別人的前進方向嗎？……200 A……202
後記 哆啦A夢總是在我身邊 ●稻見昌彥……204

「更衣照相機」已經有店家在使用了！這是真的嗎？

更衣照相機

「更衣照相機」。
把這張圖片放進照相機裡。
位置對好。
啊！
啊？
啊！
哇……

道具解說

只要用「更衣照相機」拍照，就能夠讓被拍攝的人穿上自己喜歡的衣服。使用的方法相當簡單，先放入想要穿的衣服圖片或照片，從觀景窗對準被拍攝的人，讓衣服正好套在對方的身上，按下快門即可完成換裝！

◀▲ 胖虎最重視的個人演唱會是其他人的惡夢。利用「更衣照相機」完成的服裝造型，每一款都充滿胖虎風格！

▼▶ 小夫將來的夢想是成為一位服裝設計師。大家一起拍攝特效電影時，他設計出很棒的服裝，讓作品增色不少。

※啪嘰

※喀喳

▶ 若沒先拍下任何服裝照片……就會讓被拍攝的人變成全裸，一定要小心！

※啊～

漫畫出處

《更衣照相機》等

只要站在鏡子前，鏡中的自己就能試穿各式各樣的衣服！

將真人轉換成圖像的瞬間更衣術！

玩積木的最大樂趣就是，即使使用相同形狀的積木，只要變化組合方法，就能創造各種不同的造型。更衣照相機的作用原理十分接近這個概念，亦即打破身上衣服的分子連結（擁有物質特性的最小粒子），重新組成新的衣服。不過，要在一瞬間完成這一連串過程，是難度很高的事，可惜現代科技尚未進化到這個階段。

但是只要善用「AR（擴增實境）」技術，就能體驗類似更衣照相機的功能。擴增實境技術是將電腦製作的擬真圖像套用在現實世界中，讓圖像看起來像是真實存在的物體。這項技術一般最常運用在智慧型手機的APP（應用軟體）中。「MapFan eye」就是將前方道路的圖像重疊在智慧型手機的相機所拍攝到的實際風景上，指引接下來的路徑，是一款相當實用的應用軟體。

接下來的問題是，你知道要如何運用擴增實境技術，才能實現更衣照相機的功能嗎？第一步是

▶「MapFan eye」是一款指引行人行走路徑的應用軟體，會顯示附近的便利超商位置，可作為找路時的指標。

先以高性能相機拍下穿著衣服的自己，並將影像投射在螢幕（鏡子）上，這是現實世界的模樣。接著再用電腦將事先掃描好的衣服圖像套在人像上，看起來就會跟實際穿在身上沒有兩樣。目前有許多服飾店、鞋店、眼鏡行提供擴增實境試穿服務，無須真正試穿，也能感受商品穿戴在自己身上的感覺。發現這類店家時，請務必親身體驗看看！

影像提供／Right-on

▲ 這是設置在牛仔褲與休閒服專賣店部分門市裡的「Right-on AR 鏡」。可自動辨別拍攝對象的臉部特徵、性別與年齡，換上店家推薦的服裝！

利用家裡的印表機也能列印出自己想要的衣服？

擴增實境技術雖然可以省去實際試穿的麻煩，但穿在身上的只是電腦影像，並非實物。不過，只要使用「3D印表機」這類特殊儀器，就能像更衣照相機一樣，擁有真正能穿的衣服。相對於普通印表機只能印出平面圖案，3D印表機可從3D（三次元）設計的圖檔列印出立體物品。其最大缺點就是可選擇的材料較少，耗費時間也較長。近來有些廠商陸續推出外形小巧、價格實惠的3D印表機，相信不久的將來，3D印表機也能跟普通印表機一樣，普及於一般家庭中！

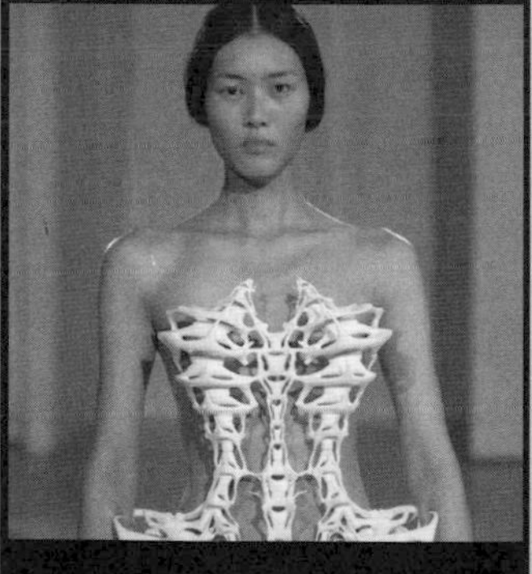

影像提供／©Michel Zoeter,Materialise
設計／Iris van Herpen,Isaie Bloch,Materialise

▲ 以 3D 印表機列印出來的衣服，在海外服裝秀大受歡迎！

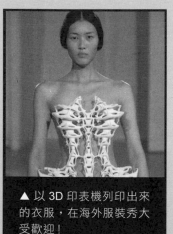

如果有「任意門」，真的可以到任何地方去嗎？

任意門

「任意門」。
只要有任意門……
要去哪裡都不是問題!!
到孟豪森城堡去吧！

▲在這個場景中，大雄說出自己想去的地方。事實上無須出聲，在腦中遙想想去的地方即可。

道具解說

這是大家最熟悉的祕密道具，打開門就能到任何自己想去的地方。腦中想著想去的地方並旋轉門把，電腦就會自動讀取目的地資訊。另外還有許多便利的附加道具可以選擇。

▲▶ 由於日本與德國之間的時差為 8 小時，因此日本（出發地）的早上等於德國（目的地）的晚上。在大長篇作品《大雄與雲之王國》中，哆啦 A 夢使用附加道具「時差調整轉盤」解決時差問題。

※彈

▲ 哆啦美的「任意門」長得跟哆啦 A 夢的不一樣，而且可讓比門還大的物體通過，可説是哆啦美「任意門」獨有的特異功能。

▲ 大家應該很熟悉這個場景吧？使用「隱私鎖」即可避免這個問題。

▲ 哆啦 A 夢拿出一張「昆蟲探知卡」給努力採集昆蟲的大雄，與「任意門」搭配使用就能到國外去抓日本很難見到的昆蟲。「任意門」或許是未來世界人人都有的常見道具。

漫畫出處

《搬到幽靈城堡去》等

A

就算未來科技可以做出任意門，也不可能超越任意門的功能！

要去哪裡完全憑藉使用者的意志

先容我詳細解說任意門的作用原理。在任意門的門把處內建了感應器與電腦，當使用者將手放在門把上，腦中想著自己想去的地方，電腦就會讀取使用者的「想法」；接著扭曲空間，讓門的另一邊連結目的地，使用者就能順利到達指定地點。以現代的科技水準來看，這項來自二十二世紀的高科技，技術難度相當高。話說回來，如果使用者本身沒有想去的地方，亦即沒有「想法」可供電腦讀取時，會發生什麼結果？如果像大雄一樣只有模糊的指令，想著要去「世界的盡頭」或者是「很遠很遠的地方」，任意門應該還是會產生反應，但如果

任意門圖解

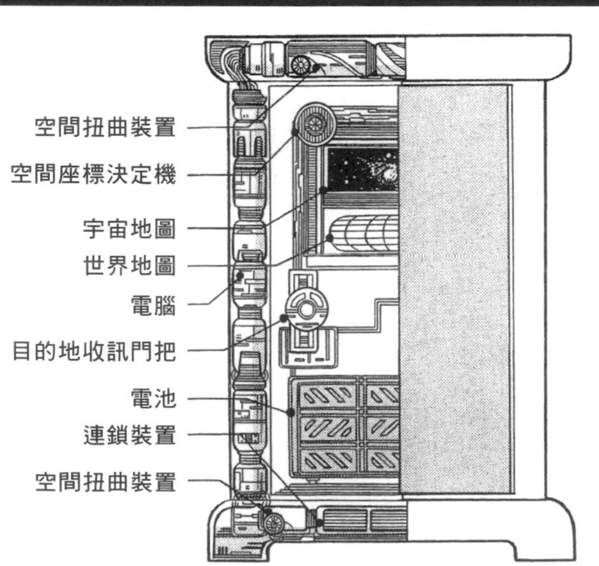

空間扭曲裝置
空間座標決定機
宇宙地圖
世界地圖
電腦
目的地收訊門把
電池
連鎖裝置
空間扭曲裝置

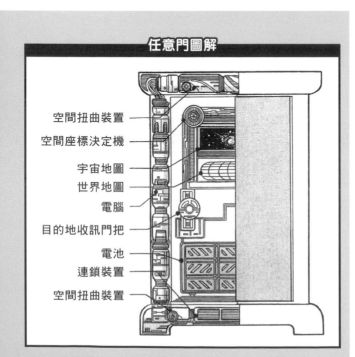

完全沒有想法，任意門便無法發揮效果。

距離太遠或沒有地圖資料皆不可行

根據漫畫設定，在幾種情形下無法使用任意門。首先就是「距離超過十光年的星體」。由於光速為每秒三十萬公里，因此十光年就是光必須花十年才能抵達的距離。人類居住的太陽系大小遠低於十光年，而且距離太陽最近的恆星「比鄰星」也只有四點三光年左右，不到十光年的一半，基本上都可以輕鬆前往。

引力很小，只要稍微彈跳，就會飛到很遠的地方。
真是麻煩的星球。

▲只要在距離地球十光年以內的地方，就算是火星與木星之間的小行星帶也能去。

不過，還必須要符合另一個條件才能抵達比鄰星，那就是任意門的「地圖資料」裡，必須有比鄰星這顆恆星的檔案。即使在地球上也一樣，只要地圖資料沒有這個地點就沒辦法到達。例如任意門無法前往一億年前的白堊紀時代（詳情請參閱大長篇漫畫作品《大雄的恐龍》）。不過，就算是地圖沒有資料的地點，只要讓任意門的電腦記住路徑，之後就能順利前往。

另一個無法到達的地方就是「異次元」，像是祕密道具「進入鏡」的鏡面世界、以及利用「地平線膠帶」貼出來的世界等等，這類由哆啦A夢以祕密道具製作出來的新世界，都無法到達。由此可見，任意門其實不如想像中的「任意」，還是有許多地方不能去。無論是現在或未來，每個機器都還是有做得到與做不到的地方。

這裡是我們的村子!!

▲事先讓電腦記憶路徑，也能利用「任意門」前往大約七萬年前的中國！

現代科技是否可以讓我們夢見自己想做的夢？

夢想放影機

「夢想放影機」。
只要放入影帶就可以夢見各式各樣的夢了。
有各式各樣的影片喔…
鼾…

道具解說

放入自己喜歡的卡帶（軟體），就能夢見自己想做的夢。軟體種類包括「美國西部片」、「科幻片」、「日本時代劇」等，應有盡有。附有熟睡功能，只要將頭放在枕頭上就能立刻入睡。

▲▶ 大雄化身正義的一方「Nobby」，在「美國西部片」的夢境中成為眾所矚目的英雄。由於大雄的射擊技術原本就很好，這個角色很適合他。

▲在「青春偶像劇」的夢境中，靜香等人穿著體面的制服登場，大雄看起來也成熟了一些，你認為呢？

漫畫出處

《夢想放影機》等

※轉動

◀不可以快轉軟體或中途打斷夢境。

只要大腦與夢的研究有些許突破，或許就能比想像中更早實現？

首先一定要釐清做夢的作用與原理

大家都說人是為了讓大腦休息而睡眠，為了整理並儲存記憶而做夢。不過，這些說法其實還沒有獲得醫學實證，純粹是「猜測」的結論。大腦是一個由一千數百億個神經細胞連結而成的複雜器官，包括做夢的作用原理在內，還有許多尚未釐清的謎團。想要製造夢想放影機，就必須先釐清上述謎團才行。

近年來，科學家不斷探索大腦血流以及通過神經細胞的電流強度，使得大腦與夢的研究蓬勃發展。或許不久的將來，我們就能看見實用化的夢想放影機。

與做夢有關的大腦部位

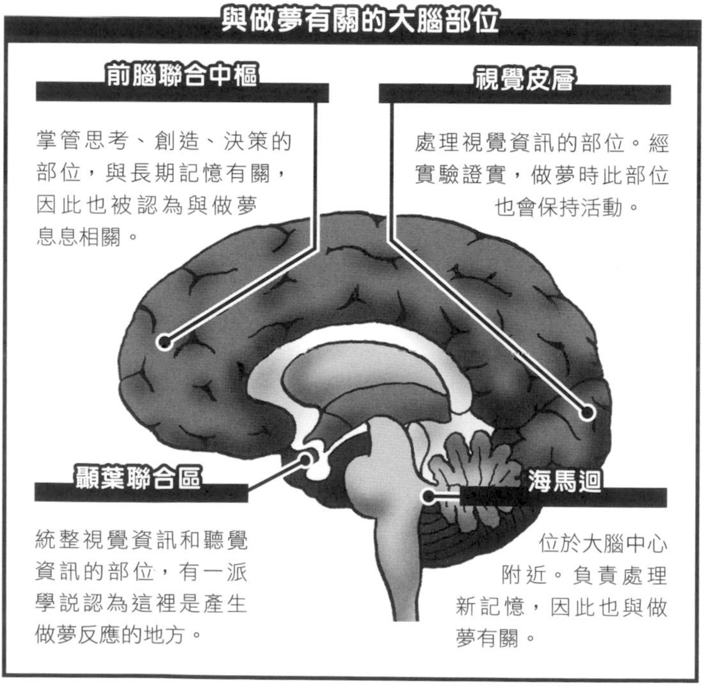

前腦聯合中樞
掌管思考、創造、決策的部位，與長期記憶有關，因此也被認為與做夢息息相關。
視覺皮層
處理視覺資訊的部位。經實驗證實，做夢時此部位也會保持活動。
顳葉聯合區
統整視覺資訊和聽覺資訊的部位，有一派學說認為這裡是產生做夢反應的地方。
海馬迴
位於大腦中心附近。負責處理新記憶，因此也與做夢有關。

製作完成的夢境數據如何傳遞至大腦？

製作自己喜歡的夢就跟製作遊戲一樣，以現代科技而言不成問題。關鍵在於該如何將製作好的數據以「夢」的形式播放？

每個大腦部位都有不同的功能，並由神經細胞互相連結。通過此處的電子訊號負責處理各自的資訊，並綜合性的發揮功能，因此當電子訊號流經與做夢有關的部位時，人就會做夢。由此可見，只要正確掌握與做夢有關的部位，就能將夢境數據轉化成和電子訊號相同電壓和頻率的電流傳送出去，即可隨心所欲的夢見自己想做的夢。

夢境數據轉換成電子訊號，從頭枕的地方傳遞至大腦。
枕頭
卡帶
收錄製作完成的夢境數據。

實際上是否能透過訓練自由控制夢境？

各位是否曾在做夢時察覺到「自己正在做夢」？這種情形稱為「清醒夢」。科學家認為在這種狀態下，人可以自由控制夢境。只要隨時注意這一刻是真實生活還是夢境，就能學會做「清醒夢」的方法。此外，美國郵購廠商甚至推出一種可以夢見「清醒夢」的眼罩。雖然不清楚是否真的有效，但利用機械做夢的時代已經到來。

▲如果做清醒夢，所有人都能當英雄？

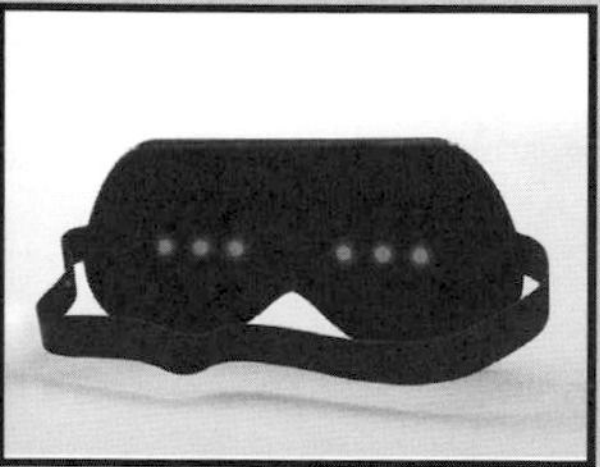
▶利用光點閃爍提醒夢中的自己正在做夢。

※可夢見清醒夢的眼罩「Remee」。

如今已有類似『即食罐頭』的商品問世，請問大多在何處使用？

即食罐頭

ライス

我光是上午就走了兩百公里以上喔。
現在正在吃午飯。
到目前為止都很順利。

道具解說

容器中裝著軟軟的糊狀食物，利用罐口處的吸管吸食。罐頭的內容物為濃縮成分，一罐為三十餐分量。大雄橫貫海底時，曾經拿出來吃過。

這是從哆啦A夢口袋裡拿出來的太空食品……
真好吃！
而且很有營養。
有好多種口味。
真棒！
不要太浪費了，
因為我們原本不是計畫來露營的。
對不對？哆啦A夢。
咦？怎麼了？
啊！露營真有趣吧！
哈哈哈。
哆啦A夢怪怪的。

▲大雄一行人為了拯救雙葉鈴木龍嗶之助，前往一億年前白堊紀時代的美洲大陸（詳情請參閱《大雄的恐龍》）。不料「時光機」在途中突然損壞，只好在野外紮營。充滿營養的「即食罐頭」，便在這時後派上用場！

漫畫出處

《海底遠足》等

從種類豐富的太空食品到無須加水的營養食品，應用的範圍相當廣泛！

即食罐頭的始祖就是「太空食品」？

即食罐頭的日文道具名稱，源自於英文的concentrated food，意思是濃縮食物，即食罐頭就是「將熱量和營養成分濃縮保存」的食品。

現代最具代表性的即食罐頭就是太空人吃的「太空食品」，可在無重力狀態下輕鬆食用，還能常溫保存。過去的太空食品以功能性為第一考量，近來拜食品科技突飛猛進之賜，轉而追求「美味口感」，已研發出兩百多種太空食品。太空人必須長期待在外太空，在有限空間執行繁重任務，對他們而言，吃飯時間是難得可以好好放鬆的悠閒時光；不只要填飽肚子，還要吃得美味、吃得開心。

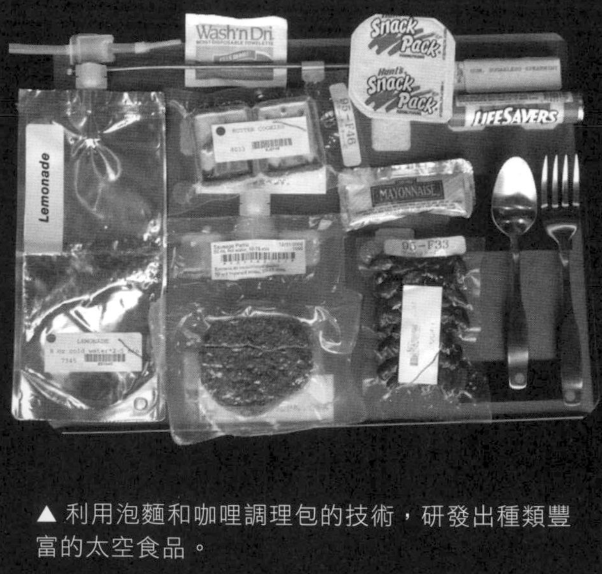

▲利用泡麵和咖哩調理包的技術，研發出種類豐富的太空食品。

影像提供／JAXA

即食罐頭拯救了發展中國家的貧困兒童

另一方面，有些即食罐頭則以補充熱量為首要課題。例如登山不能帶太多隨身物品，必須減少糧食體積時，或是生病、受傷，無法吃正常飲食時，就要善用「營養補助食品」以及「高熱量飲品」。

其中最受注目的，就是專為營養失調的非洲人民所開發的花生營養補充劑「Plumpy'Nut®」。可說是最具代表性的現代版即食罐頭。將花生、砂糖與油混合製成糊狀後裝在即食袋裡，一包僅重九十二公克，大約是兩顆雞蛋的重量，熱量相當於正常的一餐飯。只要撕開袋口即可舔食，無須像奶粉一樣用水泡開，而且可以長期保存。當初是為了方便直升機空投糧食而開發完成。

「Plumpy'Nut®」大多運用在無法確保乾淨水源的地區，聯合國兒童基金會與「無國界醫師」利用它拯救了無數兒童的性命。

▲ 劃時代的花生營養補充劑「Plumpy'Nut®」一包價格約十塊錢台幣。

影像提供／（公共財）聯合國兒童基金日本委員會 UNICEF/NYHQ2009-1736/Brekke

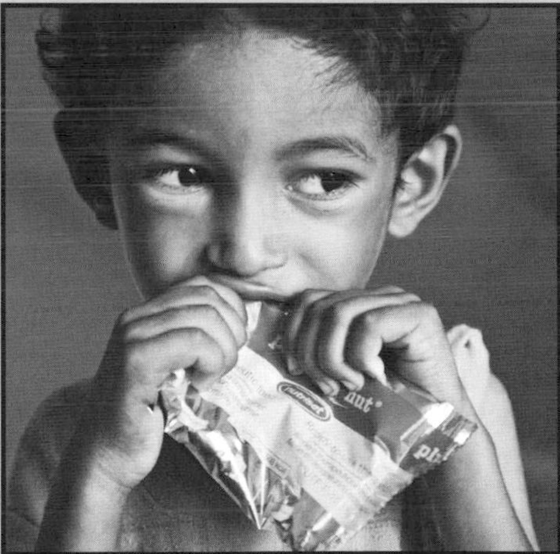

▲ 打開即可吃的 Plumpy'Nut 與奶粉不同，無須擔心喝進受到汙染的水而生病，任何時間都能吃到衛生營養的食品。

影像提供／（公共財）聯合國兒童基金日本委員會 ©UNICEF/Copenhagen2008/DanBlair

能改變物體大小的祕密道具，真的能實現嗎？

放大燈

「放大燈」
天氣真好。
這種天氣要是跟靜香去爬山的話，一定很好玩。

道具解說

任何物體只要照射到「放大燈」所發出的燈光都會變大。相反的，「縮小燈」則是會讓物體變小的祕密道具。不同的是，「縮小燈」的效果會隨著時間遞減，最後會恢復到原有的大小。

縮小燈

▲圖中是身形矮小的外星人巴比。其他三人使用「縮小燈」將自己變小，與巴比一起到人偶家去玩（詳情請參閱《大雄的宇宙小戰爭》）。

▼為了治好哆啦A夢罹患的急性分骨病，大雄將自己變小，進入哆啦A夢的身體裡。

▲大雄一行人維持縮小狀態拯救被壞蛋攻擊的巴比，沒想到靜香的身體突然間變大了。「縮小燈」的有效期限很短，期限一到，身體就會恢復原有大小（詳情請參閱《大雄的宇宙小戰爭》）。

漫畫出處

《哆啦A夢生重病？》等

若想成功製造放大燈、縮小燈，必須發現全新的物理定律？

改變物體大小的必備條件

首先要釐清的是，「在不改變原有性質的狀態下改變物體大小」究竟是怎麼一回事？

先舉個淺顯易懂的例子來說明。用放大燈照射一個邊長一公分的鐵製立方體，使其放大至邊長兩公分的大小，變大的立方體體積就會是原本的八倍。換句話說，就是只以光線照射便「生出」相當於原有立方體七倍的鐵。

使用縮小燈照射也是同樣的道理。以光線照射消除原本存在的鐵，使其變不見。

增加的鐵從哪裡來？

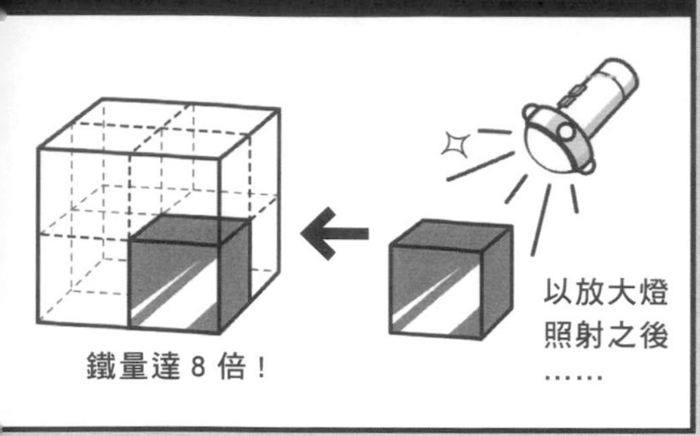

以放大燈照射之後……
鐵量達 8 倍！

質量在任何地方皆相同

我必須遺憾的告訴大家，回顧漫長的人類歷史，沒有任何人發現只要用光照射就能增加或減少物質的現象。十八世紀的科學家拉瓦節（Antoine-Laurent de Lavoisier）在當時提出「質量守恆定律」，亦即「『質量』只有在加入外來物質或減少內在物質時才會產生

「質量」與「重量」的差別

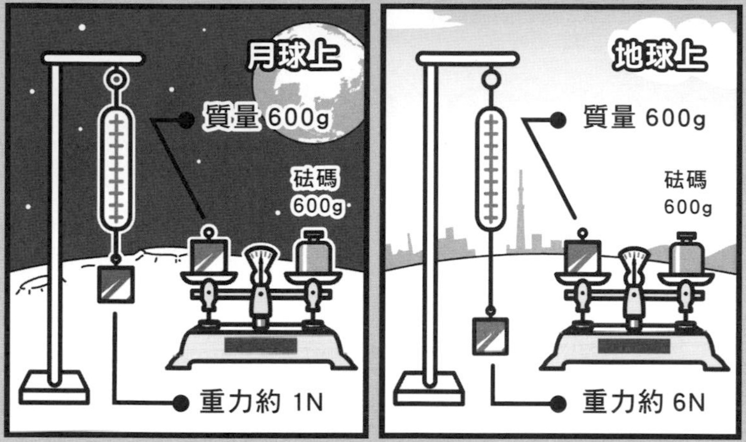

月球上
質量 600g
砝碼
600g
重力約 1N
地球上
質量 600g
砝碼
600g
重力約 6N

變化」，這項定律直到現在仍未遭到推翻。

順帶一提，質量是指「物體原本的固有量」，無論物體存在於地球或外太空，其質量都相同並不會改變。

有些讀者可能在想「我們在月亮上的體重不是比在地球上輕？」體重與質量不同，體重是秤出來的「重量」。體重六十公斤重的太空人如果在月球表面秤體重，體重機的指針只會停在十公斤重處，但這並不表示該位太空人的體重減輕了五十公斤，而是因為月球重力只有地球的六分之一，才會產生這樣的變化。

一百年後人類將會發現全新定律？

如果每次親戚來訪，阿姨、嬸嬸一見到你就說：「才一陣子沒見，你又長大了。」這代表你每天吃的食物轉化成了身體的血肉，讓你長得比以前更高更壯。此外，氣球之所以會忽大忽小，是因為吹入或擠出空氣的關係。從上述例子即可得知，發生在日常生活中的「改變物體大小」的現象，一定伴隨著內在物質的改變。

唯一要注意的是，在哆啦A夢的時代發現了足以顛覆既有定律的物理現象，四次元口袋所代表的四次元世界，以及可自由來去各種時空的「時光機」都是很好的例子。相信只要善加運用未來可能發現的全新物理學理論，放大燈和縮小燈的發明就不會再只是夢想了！

現在眞的有可以搬運的房子嗎？

蝸牛屋

道具解說

這是外形有如蝸牛的「殼」一般可以自由搬運的房子；將臀部靠近入口處就會被吸進去。一旦進入蝸牛屋，別人便對你沒轍。蝸牛屋裡隨時保持舒適的溫度，住起來相當舒服！

※縮

▶ 大雄躲進「蝸牛屋」裡（不是離家出走喔），對懷疑自己的媽媽表達抗議。躲在蝸牛屋的大雄完全聽不見媽媽冗長的說教聲。

※大聲怒罵

※嘩啦

▲ 只要待在蝸牛屋，就算突然下大雨也不擔心！

※拳打腳踢

▶ 遭到暴力對待也無需在意。事實上，出手的胖虎和小夫反而比較痛。

漫畫出處

《舒適的蝸牛殼》

可自由移動的個人用避難室現在已經上市囉！

可以搬運的個人用避難室還有廁所與淋浴間！

姑且不論蝸牛屋是否舒適，個人用避難室早已量產，成為販售商品；用途與功能相當豐富，甚至還有可以阻斷輻射線的正統防核避難室，以及能避免海嘯侵襲的單人救生圈。其中最特別的是由丹麥藝術家團體製作的「圓桶蝸牛」。這是一個直徑一百五十三公分、高度一百零五公分、重量九十公斤的超輕巧個人住屋。參照左方照片即可得知，圓桶蝸牛的外側繞著一圈橡膠製履帶，一個人即可輕鬆搬運，因此可以移動到任何地點。不只有幫浦、電源，還有廁所和淋浴間，可以漂浮在水面上，亦可當帳篷也能當船隻，是最實用的戶外商品。此外，若將圓桶蝸牛埋在地下，只留出口在地面，就能發揮緊急避難室的功效。

▲「圓桶蝸牛」可輕鬆滾動，方便搬運。

▲在水上也能輕鬆使用，真想帶去露營。

影像提供／N55

製造真正的蝸牛屋會遇到的最大難題是？

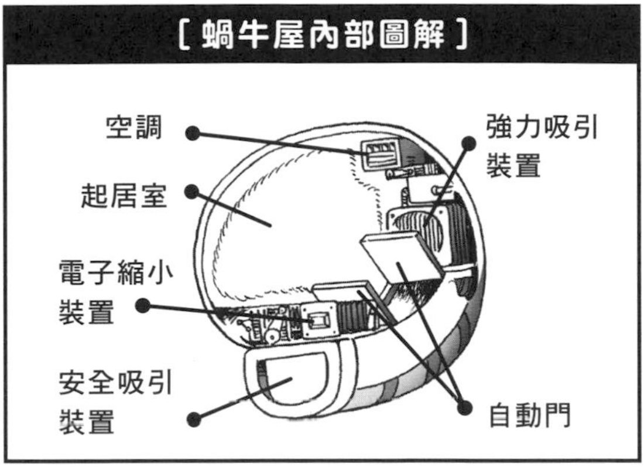
〔蝸牛屋內部圖解〕
空調
起居室
電子縮小裝置
安全吸引裝置
強力吸引裝置
自動門

雖然二十一世紀的個人用避難窄充滿吸引力，但製造真正的蝸牛屋還需要更多革新技術支援。

上方插圖是蝸牛屋的內部圖解。為了能夠在小小的避難室中待得舒適自在，圖中所繪的電子縮小裝置是不可或缺的關鍵裝置。只要將人縮小，即使空間狹窄也能感到輕鬆自在。話說回來，科學家在現階段尚未找到任何方法，可以安全的縮小人類細胞。且讓我們期待未來科技的進步吧！

露營車也變得越來越豪華！

從蝸牛屋這類舒適愉快的移動式住屋的觀點來看，露營車也是不可忽略的居住型態之一，廚房、客廳和浴室早已成為現代露營車的標準配備。

影像提供／FIRSTCUSTOM
（車型：CG-500L•HOP與其內裝）

還有更多　相關祕密道具

「露營膠囊」

大小相當於網球，插在地上就能變成個人用露營屋。還有可多人一起使用的豪華型兩層露營屋。

ムク
ムク

※延展

祕密道具的機器人有分人類和動物等造型，爲什麼哆啦A夢是貓型機器人？

哆啦A夢

道具解說

哆啦A夢是二一一二年九月三日出生的保母機器人。原本負責照顧大雄的玄孫世修，但為了改變大雄的命運而乘坐「時光機」來到現代。由於哆啦A夢的耳朵是被老鼠咬掉的，因此最怕老鼠。

各種祕密道具機器人

因為我覺得他吵，所以你幫我把他趕出去嗎？
好乖。
嗚嗯～

◀「忠犬阿八」
可成為主人忠實朋友的狗型機器人。不過，要是忠犬阿八過度忠誠，有可能會攻擊主人以外的人。

他吃得津津有味呢。

◀「變身機器人」
只要餵它最愛吃的油豆腐，它就會變身成你的模樣，代替你做事情。

怎麼看都像人類。
不知道她吃不吃點心呢？

▲「竹美人機器人」
用來陪伴膝下無子的年老夫妻、避免寂寞的道具。不僅外表與人類無異，連生活方式也跟一般人沒有兩樣。

▲「女神機器人」
從祕密道具「樵夫的泉水」中現身的女神。只要老實回答自己掉到泉水裡的東西，她就會給你更好的物品。胖虎不小心掉進泉水裡，最後女神歸還了一個長得很帥的胖虎！

下頁起將刊載與這一題有關的漫畫！
漫畫結束後還有問題的答案喔！

漫畫出處
《哆啦A夢大事典》等

安慰機器人

終於完成了。
這就是二十一世紀的翻花繩。
把它命名做「銀河」好了。
爸爸！
你看！
你看！
※撞個正著

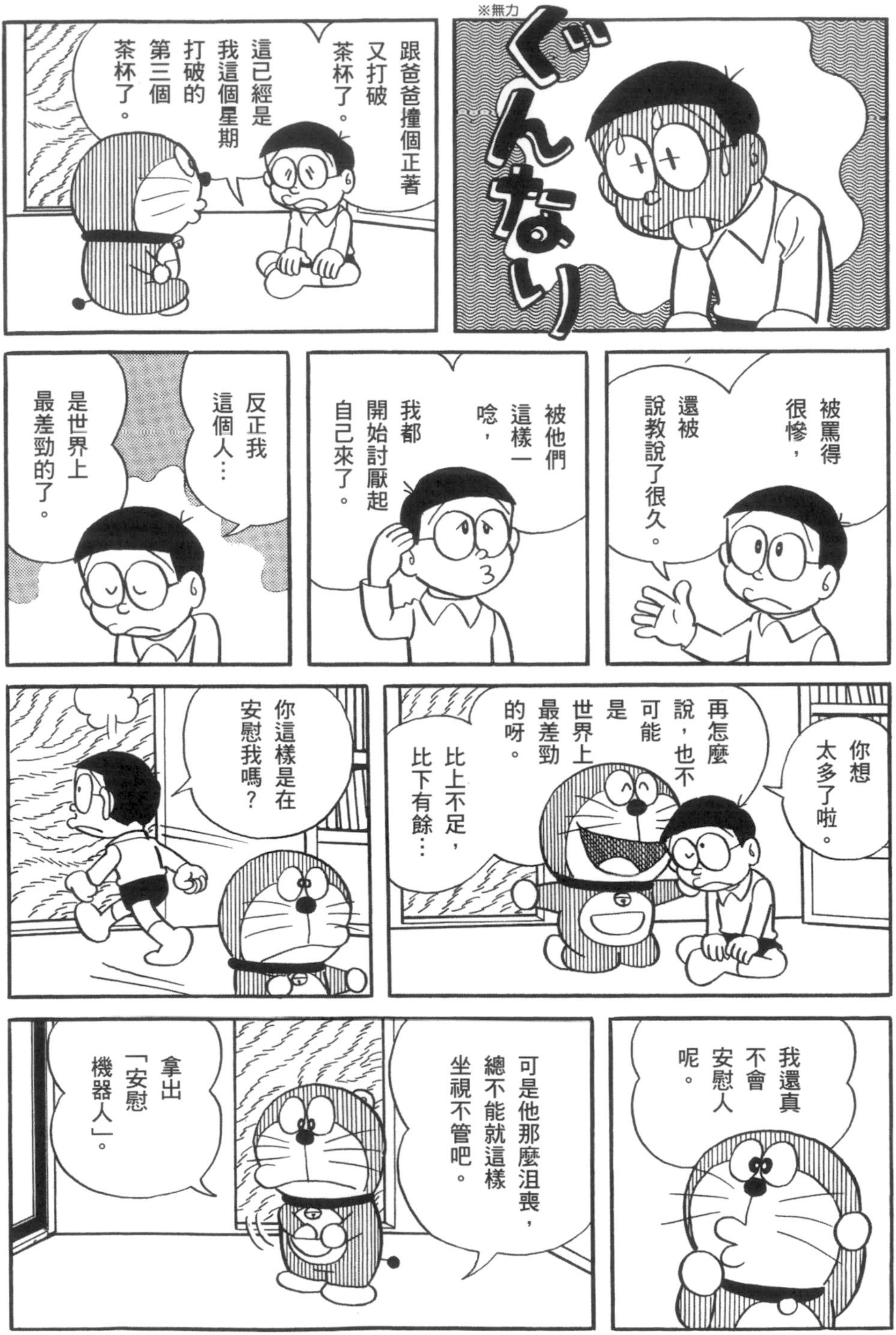
※無力
じんない
跟爸爸撞個正著又打破茶杯了。
這已經是我這個星期打破的第三個茶杯了。
被罵得很慘，
還被說教說了很久。
被他們這樣一唸，我都開始討厭起自己來了。
反正我這個人…
是世界上最差勁的了。
你想太多了啦。
再怎麼說，也不可能是世界上最差勁的呀。
比上不足，比下有餘…
你這樣是在安慰我嗎？
我還真不會安慰人呢。
可是他那麼沮喪，總不能就這樣坐視不管吧。
拿出「安慰機器人」。

你還在為茶杯的事難過啊？
我可是很努力的小心注意，結果還是……
你根本不需要注意啊。
不計較小事，輕鬆自在的生活，這正是大雄的優點呀。
每天都可以用新買來的茶杯喝茶，不是一件很棒的事嗎？
對自己親愛的爸爸就給他這一點小小的奢侈享受吧。
現在覺得打破茶杯好像是一件好事。
當然是件好事呀。
大家都說我玩翻花繩，一點都不像個男孩子。
像個男孩子有這麼重要嗎？
太過勇猛、逞強的人，可是會引發戰爭呀。
說得真好。

你應該、
把你的溫柔體貼、
對人類的愛、
世界和平、
夠了吧！
按下
縮小
這個機器人說的話聽起來很像人話吧！
什麼叫很像人話啊？那個人說的可都是真話呢!!
我第一次發現自己是個多麼了不起的人。
大雄寫完作業再出門。
你得比別人多花一倍的時間念書，成績才會比較好。
千萬不可以偷懶。
什麼!?你又失去自信了？

我跟你說要是太常用那個東西的話可不妙啊。
我想要治療我這顆受傷的心嘛。
按下
念書算什麼呢？很多人小時候成績不好，可是長大後卻一樣很有成就啊。
比方說愛迪生就是啊。
你就輕鬆悠閒的，
大玩特玩，
成為一個大方且…
心胸寬闊的人！
我要更努力的玩個夠!!
加油!!
夠了吧。
有什麼關係嘛。
暫時借我一下。
只要有她在，我就不會受傷害了。
她總是帶給我滿滿的幸福。

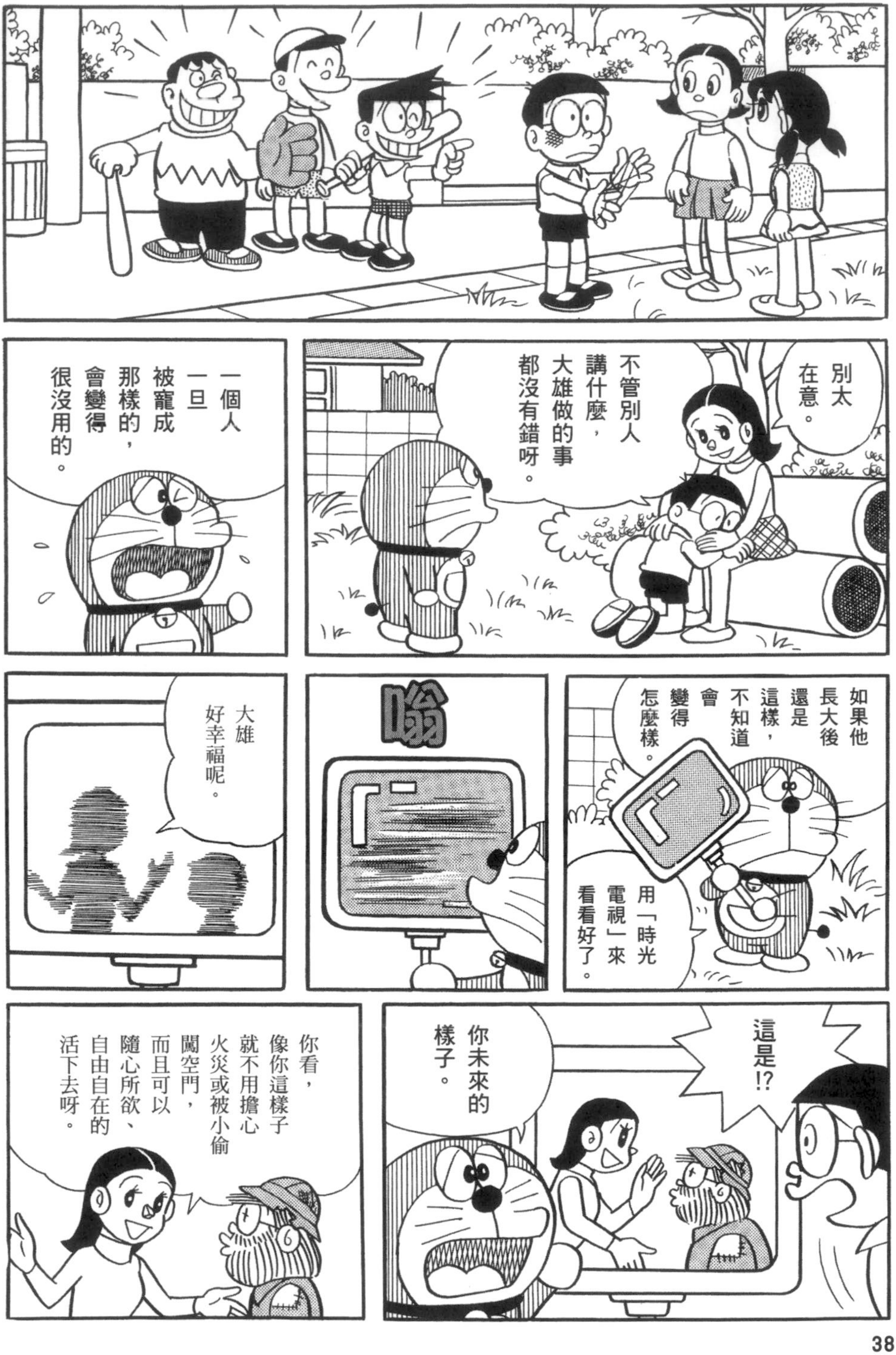
別太在意。
不管別人講什麼，大雄做的事都沒有錯呀。
一個人一旦被寵成那樣的，會變得很沒用的。
如果他長大後還是這樣，不知道會變得怎麼樣。
用「時光電視」來看看好了。
嗡
大雄好幸福呢。
這是!?
你未來的樣子。
你看，像你這樣子就不用擔心火災或被小偷闖空門，而且可以隨心所欲、自由自在的活下去呀。

真的耶。
我好幸福喔。
我不要這種幸福啦。
一個人的成長過程，還是需要嚴師才行。
請你拿出嚴厲的機器人來吧！
「嚴厲機器人」。
不好意思，想讓他吃晚飯……
等他解完這三百題再說！
你幹嘛老是拿出這種極端的機器人來啊！

因為哆啦A夢是保母機器人，所以才做成親近人類的動物造型。

如果哆啦A夢做得像人類的話？

與人類生活息息相關的機器人大致分成「人類造型」（類人類）和「動物造型」兩種。大家應該都曾經在科幻電影或動畫中，看過外表和動作都與人類一模一樣的「人形機器人」吧，那就是人類造型機器人的一種。人類造型的機器人通常全身覆蓋著一層看起來像真實肌膚的矽膠材質，並且擁有近似人類的外表。這類型的機器人目前正以日本為中心在進行各種相關研究。不過，人形機器人也有其缺點。一般來說，人形機器人的外表越接近人類，理當越能讓人感到親近，但其實當一個人站在與自己一模一樣的機器人面前時，會突然感到強烈的厭惡感，這就是所謂的「恐怖谷理論」。正因為長得與自己太像，反而會讓人注意到不像的地方，進而產生厭惡感。相信大家都不想看到令自己厭惡的哆啦A夢吧？

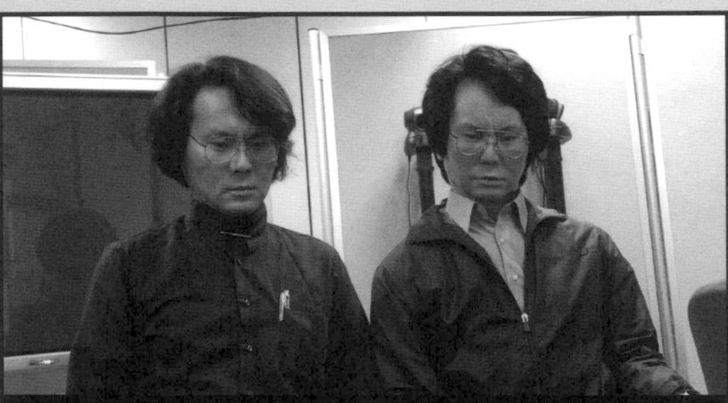

▲外表宛如雙胞胎的「Geminoid」人形機器人（右）與開發者大阪大學石黑浩教授（左），真的是一模一樣！

※「Geminoid™HI-1」是ATR石黑浩特別研究室所開發製造的機器人。

到處都能看到它們的身影　可愛的動物造型機器人！

相信大家應該都在小兒科的候診室看過可愛的動物玩偶吧。醫院將動物玩偶放在候診室裡是有原因的。因為可愛物品天生具備「治療效果」，可以療癒人心，讓身體更健康。有些醫院會養真正的小狗或小貓進行動物療法，但可能產生動物咬人或過敏等隱憂。想避免困擾同時真正發揮療癒功效，就要派動物造型機器人上場！以海豹造型機器人「PARO」為例，它在面對不同人時會產生不同反應，輕輕撫摸還會發出逼真的海豹叫聲，不只是醫院，在日本各地養老設施也廣受歡迎。

影像提供／日本國立研究開發法人 產業技術綜合研究所

▲金氏世界紀錄譽為「全世界最具療癒效果的機器人」，名為「PARO」。

現在的溝通型機器人　外表都很像哆啦A夢？

哆啦A夢採用孩子們最喜歡的動物造型，話說回來，哆啦A夢明明是貓，為什麼沒有耳朵？根據心理學的研究，兒童喜歡圓形勝過尖形。此外，無論動物或人類，幼兒體型較能讓人感到親切和安心。下方是目前最活躍的溝通型機器人「PaPeRo」，請看一下它的照片，是不是覺得它的外形和哆啦A夢很像？PaPeRo可以陪主人說話、玩耍，說不定它就是哆啦A夢的祖先呢！

▼這是會唱歌又會跳舞的NEC「PaPeRo」。摸摸它的頭，它的臉會變紅喔！

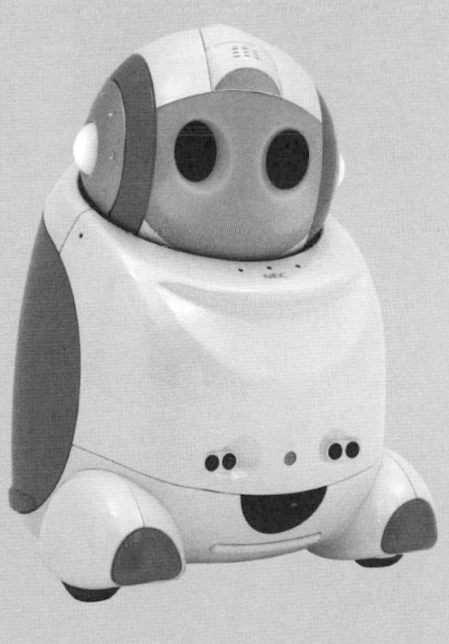

影像提供／NEC

是否有像『水加工粉』一樣的物品，能將水凝固後用於其他用途？

水加工粉

道具解說

這是一種可以將水變成黏土、海綿、保麗龍、鐵等各種物質的加工粉末。若要還原成水，則必須使用「水還原粉末」。另有大瓶的加工粉組合。

▼使用「布料加工粉末」就能將水變成衣服，不過變出來的衣服是透明的，因此若不使用「油漆加工粉末」上色，就會遇到跟小夫一樣的窘境！

全身都溼了。
用「布加工粉」做衣服替換就好了吧！
怎麼是透明的！
可以用「油漆加工粉」上色。
稍微講究了點。
我早就想穿一次這種衣服了。

漫畫出處

《水加工粉》等

「水大樓建築機」。

▶自動依照設計圖興建房子的機器，與加工粉一起使用。

YES！不過，並非所有物質都能做！

百分之九十八以水製成的塑膠正式登場！

「水加工粉」能將水凝固成像黏土一樣硬，大家可能會覺得這項技術太不可思議了。事實上，二十一世紀早就開發出相當接近的技術，名為「水材質」（aquamaterial）。水材質其實是一種塑膠，但令人驚訝的是，其成分中有百分之九十八為水。

除了水之外，只需要三樣原料。第一樣原料是黏土奈米片（clay nanosheet），這是一種成分接近玻璃的黏土。第二樣是聚丙烯酸鈉，這種化合物最常用來當成尿布的吸溼劑。最後一樣則是陽離子樹狀體，可在分子階段幫助結合各項原料。

將這三樣原料溶於水中之後，再攪拌三秒鐘即可完成水材質。用起來就像水加工粉一樣簡單。

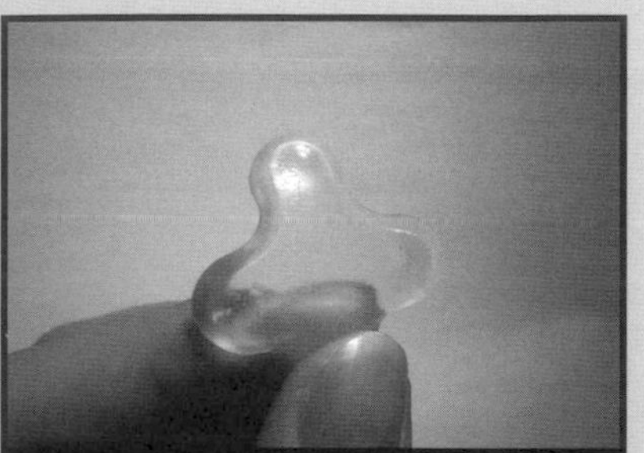

▲令人驚訝的一種塑膠「水材質」，以水為主要成分。

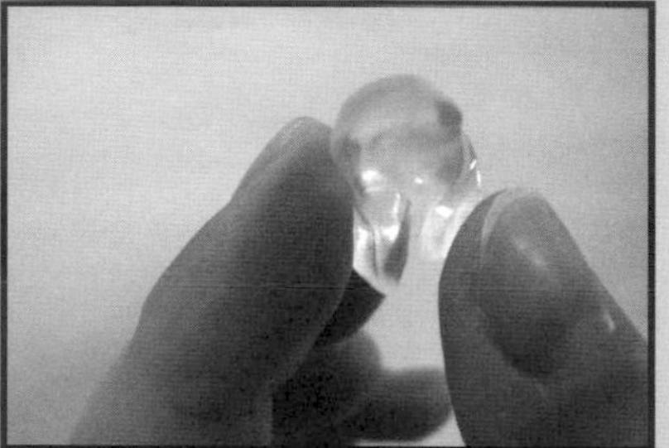

▲手指按壓即可輕鬆彎曲。不只柔軟性高、易於加工，還兼具高強度。

影像提供／東京大學相田研究室

耐用、安全又環保，做法簡單的夢幻原料

有別於以石油製成的塑膠，以水製成的水材質是一種相當環保的塑膠材料。由於水材質完全不含危害生物的物質，未來很適合運用在人工細胞、人工軟骨，成為醫療領域的最新原料。

水材質燃燒後，不會像過去的塑膠一般產生有毒氣體，丟棄時無需特別注意，是其優勢所在。此外，加工材料必須具備一定強度，目前已有實驗證實水材質可以加熱至七十度、長度可拉長二十倍，功能性無庸置疑。

▶水材質可以加熱與拉長，無法想像它的原料其實是水！

隨著研究越加深入，利用方法越無可限量？

水材質是剛剛發明出來的最新材料，還有許多改良空間，必須再等一陣子才能真正實用化。

水材質最大的賣點就是安全、製造方式簡單以及低成本，如果能真正實用化，絕對能用來製造各式各樣的商品。

還有更多 相關祕密道具

「凝雲瓦斯」

噴出瓦斯即可凝固雲，讓人可以在雲上行走。如果能結合一大堆雲，就能在天空製作出廣闊的廣場。

吃了『延聲糖』的人如果出聲後才聽見自己說話的聲音，會發生什麼事情？

延聲糖

「延聲糖」。
讓聲音的傳達速度變得緩慢。
吃一顆可以延遲十分鐘。
聲音會延遲傳來。

道具解說

吃一顆延聲糖可以延遲聲音傳遞的速度十分鐘。可以一次吃下多顆延聲糖，延遲更長時間。例如：如果一次吃下二十顆，三小時二十分鐘後才會聽見聲音。

▼▶ 媽媽正在放聲高歌，卻剛剛好聽見了十分鐘前，大雄批評胖虎歌聲時所說的話。

※ 全部倒入～

▲▶ 只要有「延聲糖」，再也不用怕胖虎的歌聲了。不過，他的歌聲卻在幾小時後，也就是大半夜流傳出來，讓附近鄰居苦不堪言！

漫畫出處

《延聲糖》

A

說話的人會感到混亂，並且立刻停止說話。

現在已經發明出延聲糖了！

「延遲發言者的話讓別人聽到的時間」——這項技術已經成功發展出來了！不過，其作用不像延聲糖是為了讓人聽見別人說的話。由日本產業技術研究所的栗原一貫先生與御茶水女子大學的塚田浩二先生共同研發的「Speech Jammer」，是讓發言者自然閉嘴的裝置。

影像提供／日本國立研究開發法人產業技術綜合研究所

▲ 這就是 Speech Jammer!

圖 1：Speech Jammer 的作用原理

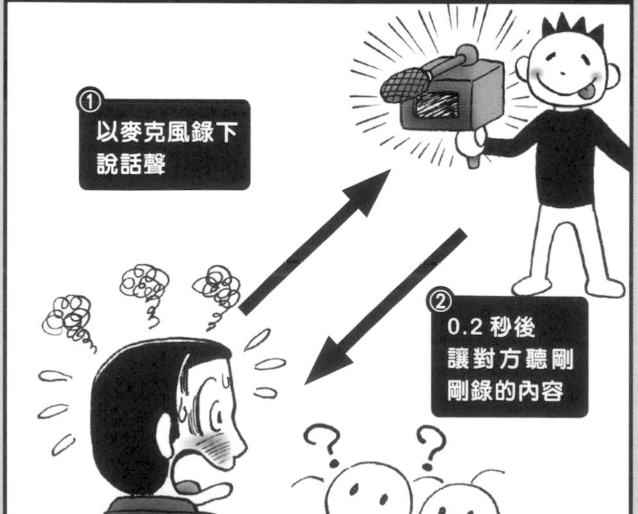
①
以麥克風錄下說話聲
②
0.2 秒後讓對方聽剛剛錄的內容

延遲一秒就會讓大腦混亂

Speech Jammer 的使用方法很簡單，將裝置內建的麥克風對準說話者，再透過特殊喇叭延遲十分之一秒播放剛剛錄下的聲音，說話者一聽到自己的聲音就會說不出話來（圖1）。人在說話時會同步聽到自己的聲音，此時大腦會立刻檢查自己說的話，發揮語言能力。

Speech Jammer 的原理就是，打破人類平時說話時的運作模式，讓大腦誤以為「自己沒有正常說話」（圖2）。

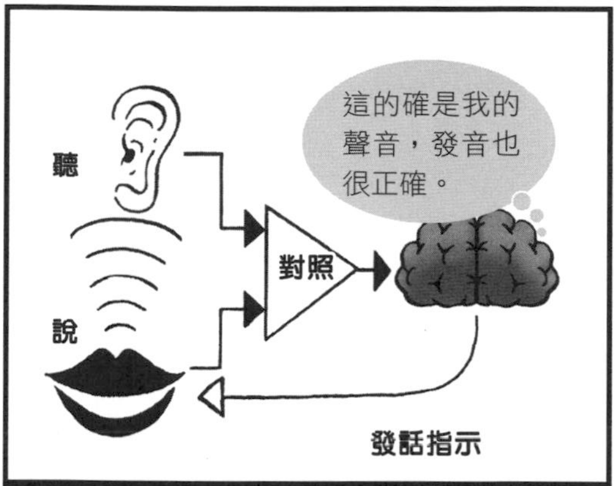
這的確是我的聲音，發音也很正確。
聽
說
對照
發話指示

圖 2：聽覺與大腦的關係（假說）

實用化可以減少竊竊私語？

可能有人會懷疑：「讓別人說不出話來，有什麼意義嗎？」不過，Speech Jammer 確實可以運用在各種場合。例如當老師想制止學生在課堂上說悄悄話時，或想在許多人發言的會議上，限制發言時間時，都可以派上用場。

雖然乍看之下會覺得很好笑，其實都是新奇的創意。Speech Jammer 榮獲二〇一二年的搞笑諾貝爾獎，這個獎項專門頒給充滿幽默且個性獨具的發明。

Ig

▲栗原先生（左）與塚田先生（右）在頒獎典禮上合影。

影像提供／日本國立研究開發法人產業技術綜合研究所

聽說現在已經有『翻譯蒟蒻』，這是真的嗎？

翻譯蒟蒻

「翻譯蒟蒻」。
我們想知道所有關於你的事情。
？
モグ
モグ
你聽得懂我說的話嗎？
※嚼嚼

道具解說

只要吃下翻譯蒟蒻，就能跟語言不通的對象溝通。不只適用於英語、德語等外語，就連現代不再使用的古代語言也能通。還能跟七萬年前的少年對話。

Guten Abend.
Mein Nama Ist Doraemon.

◀▼與德國人說話時，日語聽起來就會變成德語；德語聽起來也會變成日語。因此，哆啦A夢吃下翻譯蒟蒻後說出來的話，聽在沒吃翻譯蒟蒻的大雄耳裡，就會變成德語。

Oh,Japaner.
Ja,Ja.
Ich nehme diesen.
哆啦A夢，你什麼時候學會說德語啊？

哈哈，他講什麼啊。

◀受大雄召喚來的外星人，說的語言呈現出神祕波形。「翻譯蒟蒻」就連外星語也能通！

我是R3—D3，是亞蕾公主的家臣。
因為亞漢貝達侵略里里巴特星，所以我們才逃到宇宙來。

▶面對機器人也沒問題！在挑戰許多冒險的「大長篇作品系列」中，「翻譯蒟蒻」是不可或缺的道具。

漫畫出處

《大雄的日本誕生》等

雖然不能吃，但功能相當接近。

現在有許多手機應用軟體可以辨識聲音並翻譯

▶遇到外國人找自己說話時，總是會覺得很不安……有了這個就再也不用擔心。

雖然不能像翻譯蒟蒻般用吃的，但目前許多廠商都推出了即時翻譯機以及智慧型手機應用軟體，只要說話就能立刻將你說的語言翻譯成他國語言，並且播放出來，一般使用者可以購買或下載使用。儘管無法與外星人對話，但高階版本可以翻譯超過二十多國語言。不過，由於這是剛剛實用化不久的新技術，還有不少尚待改進的地方。使用者必須緩慢且發音清楚的對著機器說話，否則很容易辨識錯誤，而且詞庫中收錄的詞彙數量也很有限。遇到艱深專業的對話內容，或說話速度較快的人，便很難發揮效用。

即使如此，只要使用者日益增加，相關技術肯定會蓬勃發展。相信幾年後一定會出現完成度更高的翻譯軟體。

▶即時翻譯軟體「VoiceTra」的畫面。

※這款手機應用軟體正在研發新一代「+」。
影像提供／情報通信研究機構(NICT)

市面上還有可解讀動物心情的商品

在漫畫中吃了翻譯蒟蒻後就可以與動物溝通，但現實世界裡還沒有任何道具可以與動物對話。不過，現在已經有了可以解讀動物心情的商品。那就是二〇〇二年上市便掀起話題的玩具「Bow-Lingual」狗語翻譯機。「Bow-Lingual」可以分析狗狗的叫聲，將「開心」、「悲傷」、「沮喪」、「請求」、「威嚇」、「自我表現」等六種情緒翻譯成日語。二〇〇九年還推出了進階版「Bowlingual Voice」。

但是，受限於商品性質，很難確認其精準度。不過，它可以幫助主人更疼愛且更了解自己的寵物，因此成為受到眾人矚目的溝通商品。今後隨著研究更加深入，相信會有更多可以解讀寵物心情的各種道具上市。

汪汪
你想出去散步嗎？

▶凡是家裡有養寵物的飼主，一定都會想知道寵物的心情。

Bowlingual Voice

▼將六種狗狗的情緒反應翻譯成大約兩百句日語，利用聲音和螢幕顯示傳達出來。

影像提供／TakaraTomy（※已停止生產）

還有更多 相關祕密道具

「動物語耳機」

將耳機放在耳朵上就能聽懂動物語言。順帶一提，哆啦A夢無須使用道具即可與貓咪對話。

想要我們一起養！
喵～

自動汽車

現在已經有無須人類駕駛的汽車，這是真的嗎？

道具解說

將標記好想去地點的地圖放入鼻子裡，自動汽車就會自動前往目的地。但是，偶爾它也會喜歡上別的汽車，並且追著心儀的對象到處跑，這一點一定要特別小心。

它自己會開。

▲▶ 只要告知目的地，自動汽車就會自動前往，而且會選擇最近的路線，就算要穿過別人家裡也不在乎。為了防止這個問題發生，不妨先在地圖上標示出正確的路徑。

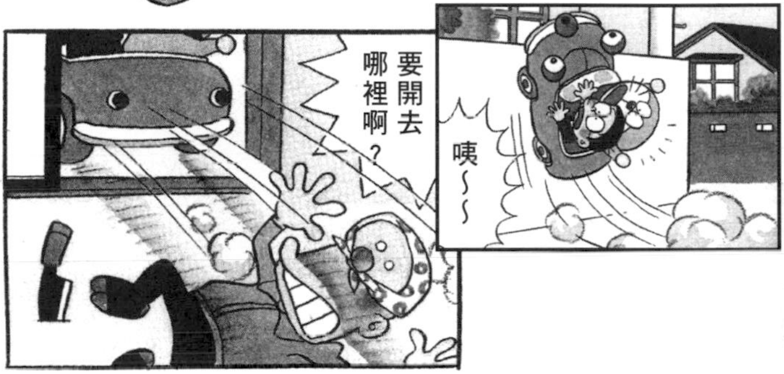
咦～～
要開去哪裡啊？

看到紅燈也會停下來。

◀ 基本上自動汽車會懂得遵守交通規則。

▼ 但偶爾也會暴怒超速。儘管不需人類駕駛，不過控制「自動汽車」的情緒，顯得更加重要。

這傢伙很好強的。

※ 咻—

漫畫出處

《自動汽車》等

現階段自動駕駛車正在積極測試，不久的將來可望推出正式產品！

自動駕駛車的技術目前已實用化？

自動駕駛車的好處不僅在於減輕人類負擔，還能紓解塞車情形，減少事故發生，降低廢氣排氣量。自從九〇年代人類開始研發可自動駕駛的電腦，相關研究便日益蓬勃。

最初的方式是採用「隊列行駛」，必須同時使用兩種通訊技術。先在馬路中間埋入磁力（磁鐵具備的作用、性質）標記，汽車必須與磁力標記互相通訊才能上路並確保不會偏離路徑。接著再利用紅外線與其他車輛通訊，維持一定的前後車距，使多輛車排成一列行駛。二〇〇五年豐田汽車便運用這項技術，在「愛知世界博覽會」推出園區公車，方便民眾在會場內移動。此外，如今已有部分汽車採用這項技術，維持一定車距。

隨著利用電波測量距離的雷達、辨識馬路上標線的相機與通訊技術逐漸發展，現在無須磁力標記也能實現隊列行駛技術。不過，自動駕駛車需要其他車輛才能維持距離，無法自由行駛。從這一點來看，似乎與自動汽車的功能不太一樣。

隊列行駛示意圖（引自歐洲國家實施的自動駕駛計畫）

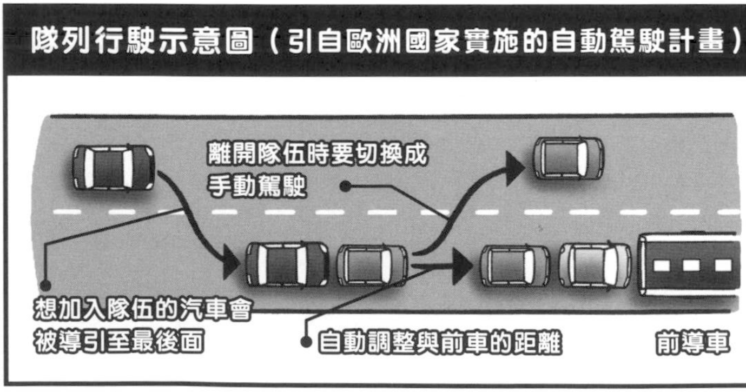
離開隊伍時要切換成
手動駕駛
想加入隊伍的汽車會
被導引至最後面
自動調整與前車的距離
前導車

自動駕駛的關鍵在於如何不迷路？

像「自動汽車」這種可自行駕駛的車輛稱為「自動駕駛車」。自動駕駛的重點有兩個，第一是要隨時掌握周遭狀況，包括交通號誌、其他車輛以及行人。透過相機與雷達等感測器收集資訊，再利用高性能電腦進行處理。另一個則是掌握正確的位置資訊。通常利用GPS（詳情請參閱第一百五十頁）即可達成。

全世界關於自動駕駛車的研究以美國最先進，尤其已有國際性IT（資訊技術）企業集團測試實驗車，最遠可行駛幾十萬公里。為什麼不是汽車製造商進行研發，而是由IT企業領先群雄？原因很簡單，為了因應「Google地圖」以及拍攝立體風景的「Google街景」的應用，累積了大量的數據，才產生了這樣的結果。由Google研發的自動駕駛車已經可以安全行駛在加州的公有道路上（繼內華達州完成此壯舉的第二州）。

另一方面，豐田和日產汽車等公司也正在進行深入研究。日產最近公開的測試項目引人注目，利用行動電話下達指令，自動尋找停車場的空車位，讓汽車自行停入停車格中。由此可見，「自動汽車」再也不是夢想，很快就能問世！

▼將豐田汽車改裝成Google專用自動駕駛車，照片分別為其外裝（下）與駕駛座周邊（上）。利用裝在車頂上的迴轉式雷射雷達以及後視鏡的相機，隨時注意周遭狀況。

影像提供／Google

雖然「時光布」很方便，但現代技術是否很難製作出來？

時光布

哇啊！好像剛買的一樣!!
這是「時光布」。
包上這個，就會變回以前的樣子。

道具解說

這塊布能將包覆住的物品恢復至全新狀態。此外，若是將布反過來包覆，就能將物品變舊。如果覆蓋在生物身上，則可以使其變年輕或老化。

啊～
ブロー

※蓋上
哇——!!

◀▲將「時光布」反過來蓋在車上，就會讓車子變得破舊不堪！原本剛硬的鐵製車體也嚴重扭曲變形。

十四年後的我！

◀大雄為了拯救在未來世界遭遇危險的靜香，特地讓自己變成大人。若是披著「時光布」的時間再久一點，大雄可能會直接變成老爺爺。

衣服太大
也只好將就點囉。

▶不只變成大人，大雄也曾經變回幼稚園的時候。衣服和眼鏡的大小沒變，只有身體縮小了。

漫畫出處

《時光布》等

反轉時光確實有點難度，不過目前已有技術可使物品變舊。

快轉時鐘，可以檢測物品的耐用度？

舉凡身邊常見的日用品、自行車和汽車，任何製品都不可能永遠保持相同性能。所有物質都會隨著時間流逝而劣化，即使是剛硬耐用的金屬也不例外，這就是「經年劣化」現象。造成的原因包括高溫高溼、太陽輻射、紫外線、振動等等。有一種實驗稱為「加速劣化試驗」，利用人工方式加快物品經年劣化的速度，藉此了解製品的耐久度與壽命，掌握製品的堪用時間。檢測耐久性的實驗中，有一種是以真正的時間去等待結果，例如新製品完成後照常使用，五年後發現其無法作用，便可確認其使用壽命為五年。不過這樣的方式太浪費時間，因此後來才會出現利用特殊裝置加強造成經年劣化的原因，來加速製品劣化速度的實驗方法。不只是身邊常見物品，其他如：發生意外損壞恐危及性命的電車、飛機與建築物等都會進行這項實驗。

▼ 針對太陽能發電的發電板進行加速劣化試驗的示意圖。它是以接近太陽光的人工光源照射發電板，同時調整溫度與溼度的方式來進行。

「仿舊加工」刻意將新品做出陳舊感，這是一種什麼樣的技術？

刻意將物品弄舊的技術也運用在其他領域中，包括最重視外觀的家具和時尚產業在內。這些業界較為特殊且用得愈久、看起來愈舊的物品會變成「古董」，其價值遠遠超過新品。因此便衍生出利用人工方式做出古董感的「仿舊（經年）加工」技術。將全新牛仔褲施以褪色加工或撕裂開洞，消費者買來就能立刻享受古董風格。

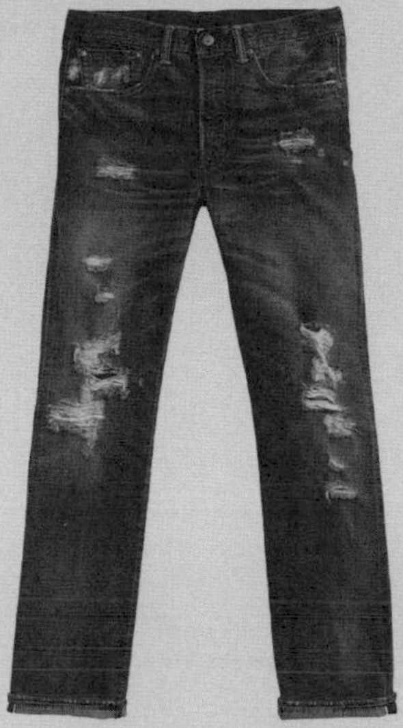

▲加工出古董風格的新產品「Levi's 501」。利用特殊洗法和磨損技術使牛仔布褪色。

影像提供／Levi Strauss Japan

可以逆轉時光？世界上有不老不死的水母！

之前介紹的都是加速時間的技術，但時光布也有逆轉時光的功能。想要實現這一點，人類還有很長一段路要走。不過，放眼自然界，有些神奇生物可以不斷的返老還童，不老不死的「燈塔水母」即為其中一例。一般來說，水母產卵後就會融化然後死亡，但燈塔水母會變成一顆圓球沉入海底，重新回到幼年期的水螅狀態。新長出來的芽會形成小水母，只要大約半個月即可長大至成熟狀態。燈塔水母終其一生都會不斷重複這樣的循環。若能解開燈塔水母的生長機制，人類或許也能重返嬰兒期？

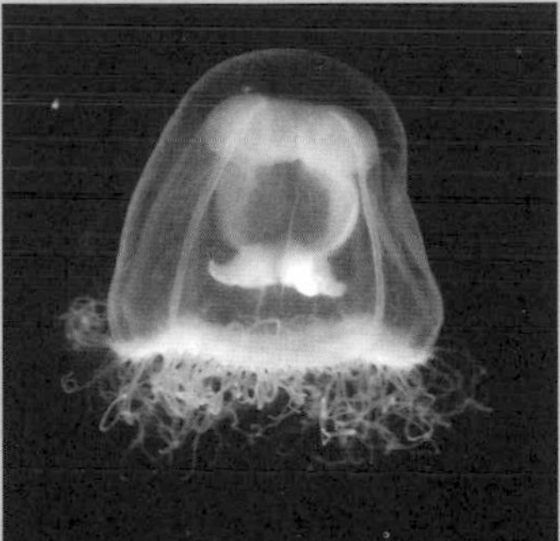

▲成年的燈塔水母。京都大學的久保田博士進行好幾次實驗，每次都成功使其恢復年輕狀態。

影像提供／京都大學久保田信博士

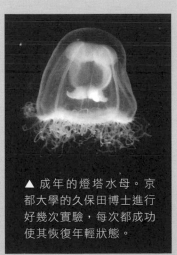

二十二世紀運用何種科技發明「竹蜻蜓」？

竹蜻蜓

※旋轉　※喀嘰

道具解說

只要將竹蜻蜓放在身上任何部位，就能在天空自由飛翔。這是最基本的祕密道具。裝載超小型電池，在時速八十公里的狀態下可連續飛行八小時。如果斷斷續續的使用，可用得更久。

裝在哪都行。
喂！是不是裝錯地方了？

▲大雄與其玄孫世修第一次一起飛行，不過隨後就發生了褲子掉下來的糗事。

啊，沒有「竹蜻蜓」。
因為最近很常用到，
所以再給我五、六個新的吧！

▶大家是否也曾在其他的場景中，看到大雄一派自然的從褲子口袋裡拿出「竹蜻蜓」的畫面？竹蜻蜓可以說是大雄最常用的祕密道具。

玩遙控玩具的時候，如果長時間一直使用，電池馬上就會沒電了。
如果有間隔的讓它休息的話就可以用很久。
難不成和那個一樣……

也是，如果一天讓它飛行四個小時，然後休息二十個小時的話……。
好像可行耶。

◀▲「竹蜻蜓」電池用完時無須更換電池，只要換一個新的竹蜻蜓即可。可說是未來世界的日常消耗品。

因為裝了「竹蜻蜓」喔。
沒有想到會是橡膠的機器人吧！

▲不只是人類，也可以讓大型物體飛行。

漫畫出處

《從遙遠的未來世界來》等

竹蜻蜓是最知名的祕密道具，但現階段很難開發出來。

竹蜻蜓很難開發的原因以及直升機的飛行原理

由於竹蜻蜓是使用反重力裝置飛行，因此在這裡我必須很遺憾的告訴大家，以目前的現代科技還無法做出竹蜻蜓。

大家是否有聽過萬有引力？

所有具有質量的物體都具有引力（重力），質量越大，引力越強，現今二十一世紀的人類還無法自由控制重力，因此還做不出竹蜻蜓。在目前所有已知的飛行工具中，直升機是與竹蜻蜓最為相近的飛行器，但直升機是利用升力飛行，運用的技術截然不同。

直升機的飛行原理

如左圖般旋轉螺旋槳，通過翼片下方的空氣就會快速流動，往上繞過翼片上方的空氣流速會比較慢。兩者的速度差異產生使機體往上升的力量（升力）。

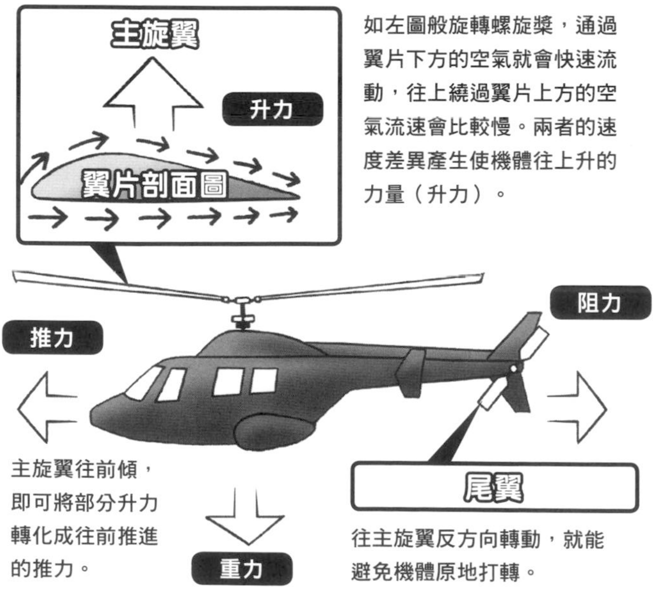

主旋翼往前傾，即可將部分升力轉化成往前推進的推力。

往主旋翼反方向轉動，就能避免機體原地打轉。

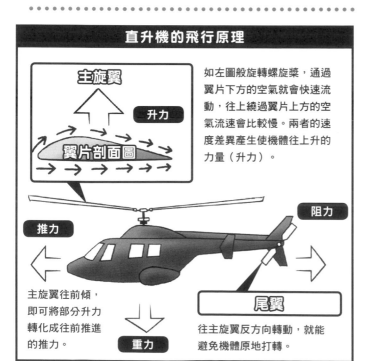

竹蜻蜓無法靠升力飛行的三大原因

話說回來，竹蜻蜓是否可以不靠反作用力，而是利用升力往上飛？答案是否定的。原因有三個。第一個原因就是支撐螺旋槳的軸心過短。由於螺旋槳的下方就是人的頭部，使得螺旋槳轉動時產生的劇烈氣流無處宣洩。第二個原因是沒有尾翼。誠如「直升機飛行原理」的圖說所示，沒有尾翼會讓人原地打轉。第三個原因是從頭頂往上拉並讓身體在空中飛翔時，光靠頸部無法支撐身體重量。綜合以上三點，想要實現竹蜻蜓，還是必須研發出反重力裝置。

最新研發的直升機外形已十分接近竹蜻蜓！

從小巧輕盈的角度來看，目前已經有人成功研發出外形近似竹蜻蜓的直升機。那是由日本的「GEN Corporation」公司製造的全球最小單人直升機「GEN H-4」。運用最新科技極力減輕整體機身重量，成功實現超輕巧機體。

▲GEN H-4在空中靜止的模樣。雖然外型小巧，但飛起來很穩定。

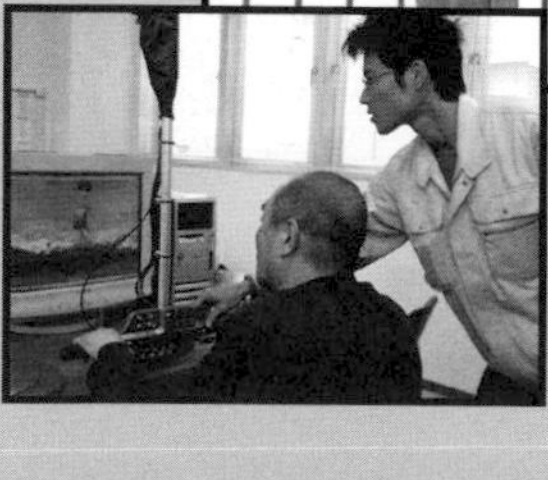
◀駕駛員可在電腦上進行飛行前模擬訓練。

影像提供／岡本好明

現代科技可以實現媲美『太陽能乾冰源』的夢幻能源嗎？

太陽能乾冰源

二十二世紀則是使用這個。
「太陽能乾冰源」。
我已經先將夏天的炎熱陽光，蓄積在地底下。
礦脈佈滿全鎮的地底下。

道具解說

將太陽能凝固成乾冰造型，是二十二世紀的常用能源。將夏天的強烈日光儲存在地底製作而成。其特性就是溫暖明亮，在未來世界中的用途十分廣泛。

◀▼將「太陽能乾冰源」放在冰冷處會慢慢融化，因此平時要收在保存盒裡。在家裡四周擺放幾顆太陽能乾冰源，即可發揮暖氣功效。

※撲通

▲利用熱水的蒸氣也能成功發電。由於只需太陽光即可製成，可說是夢寐以求的最佳能源！

漫畫出處

《地底的太陽乾冰》

不久的將來應該就能買到高性能超小型電池。

新能源的研究與開發已如火如荼的展開

太陽能乾冰源是將太陽能凝固成礦石般的環保新能源。火力發電會釋放出大量二氧化碳，可能導致地球暖化；核能發電則令人擔憂放射性核災事故。反觀太陽能乾冰源，完全沒有上述問題。

日本目前也逐步研究，並開發這類環保安全的可再生能源（以利用自然現象可重複產生的能源為主）。

以下介紹幾個未來極可能實用化的發電機制，以及可增加運用範圍的環保能源。

可再生能源範例

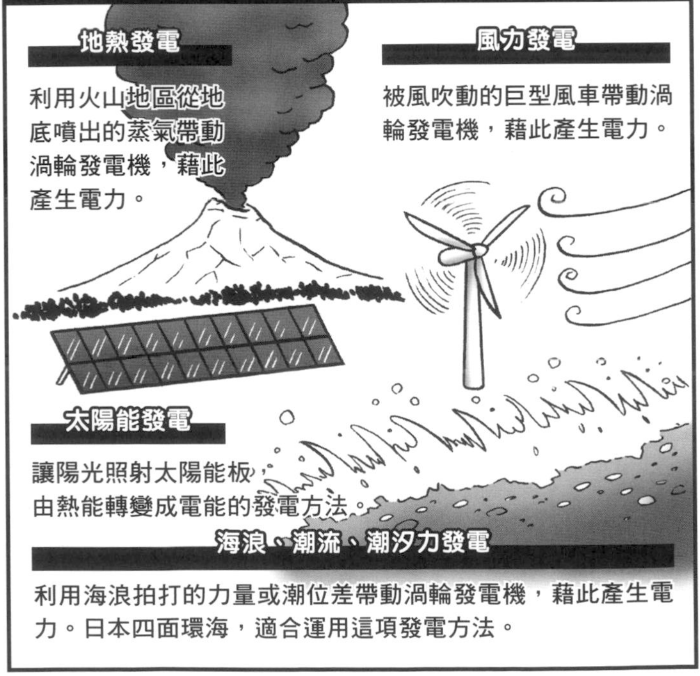

地熱發電

利用火山地區從地底噴出的蒸氣帶動渦輪發電機，藉此產生電力。

風力發電

被風吹動的巨型風車帶動渦輪發電機，藉此產生電力。

太陽能發電

讓陽光照射太陽能板，由熱能轉變成電能的發電方法。

海浪、潮流、潮汐力發電

利用海浪拍打的力量或潮位差帶動渦輪發電機，藉此產生電力。日本四面環海，適合運用這項發電方法。

各領域廠商積極開發次世代電池

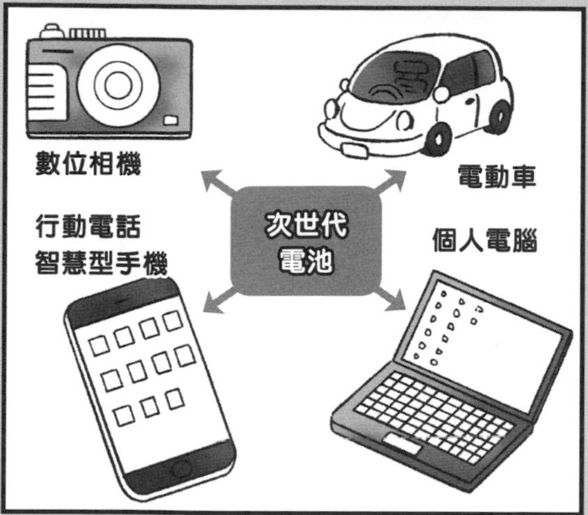
次世代電池
數位相機
電動車
行動電話
智慧型手機
個人電腦

太陽能乾冰源是方便攜帶的便利能源。二十一世紀的現在只有乾電池和小型電池可以說是方便攜帶的能源，但近年來個人電腦、行動電話等電子產品性能越來越多、越來越高，消耗的電力也越來越大，電池續航力不足成為亟待解決的困擾。於是各領域廠商紛紛投入開發高輸出、高容量以及續航力高的電池，演變成如今以鋰電池為主流的趨勢。鋰電池是利用鋰金屬氧化物與碳等最新原料製成，其容量比起稱霸市場已久的鹼性電池多出好幾倍，大幅增加個人電腦與行動電話的使用時間。

不僅如此，目前各界亦全力投入研究次世代電池，亦即鎂空氣電池。如果能順利生產，就能實現容量為鋰電池十倍的大容量電池。

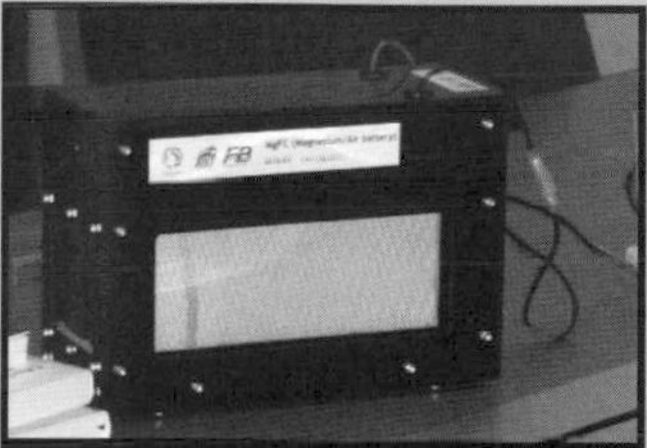

▲ 鎂空氣電池
理論上可實現極大容量的次世代電池，以二十年後實用化為研發目標。

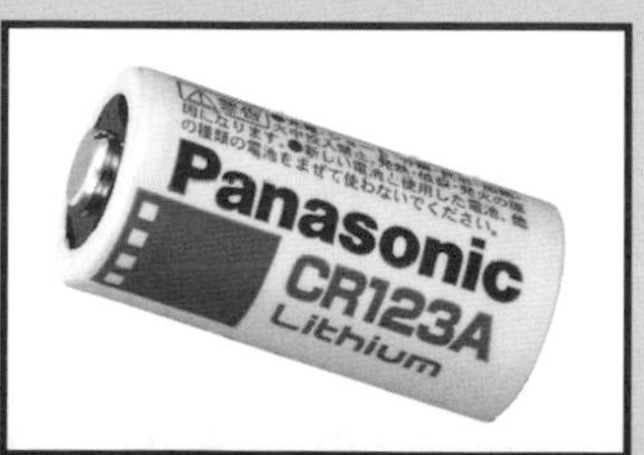
Panasonic
CR123A
Lithium

▲ 鋰電池
現在幾乎所有的數位家電都使用這款高輸出、高容量的電池。

Panasonic
EVOLTA

▲ 鎳氫電池
由於安全性較高，大多用在汽車電池等大型電池上。

影像提供／（左）東北大學未來科學技術共同研究中心（中）古河電池（右）Panasonic

為什麼看起來很窮的哆啦A夢，可以使用那麼多祕密道具？

機器推銷員

ポロ
※掉落
這是只有少數人才能知道的祕密情報。
首先，請先把窗簾拉上。
這我喜歡!!
謝謝惠顧，一共是三百六十元。
しばふのタネ

不過我現在身上沒錢。
沒關係，我會記在哆啦A夢的卡裡。

◀▲ 哆啦 A 夢竟然有信用卡 ！更驚人的是，大雄竟然可以刷！

道具解說

這是「未來百貨公司」的機器推銷員。最大特色就是透過實感影像銷售商品，如果有想要的商品也可以主動詢問。更提供「宅急便」快遞服務，可穿越時空將商品寄給客戶！

※咚

◀▲ 哆啦A夢偶爾會在「二十二世紀百貨公司」購買祕密道具。有時會送來自己沒訂購的道具（上），還要等很久才會有人來回收（左），感覺不是很可靠……。

▲ 未來百貨公司的目錄提供「通『心』販售」服務，只要興起「想要」的念頭就能收到商品。

▲ 偶爾也會遇到強迫推銷機器人的纏人攻勢，擅自送來大本目錄。

▶ 哆啦A夢拗不過大雄的死纏爛打而購入昂貴的「原尺寸大模型」。特地乘坐「時光機」去未來買，莫非是為了當面殺價？

下頁起將刊載與這一題有關的漫畫！

漫畫結束後還有問題的答案喔！

漫畫出處

《從卡拉巴星球來的男子》等

四次元垃圾桶

聽說高井山的楓葉很美。
真想去看看。
這個星期日一起去玩吧！
贊成!!
等到星期日太慢了，現在就去吧！
高井山很遠的。
現在出發的話，到那邊天都黑了。
包在我身上！
哆啦A夢！

不在啊。
真是傷腦筋……
那麼，我就借用「備用四次元口袋」…
奇怪？沒有……
那是什麼？
看起來好像是垃圾桶。
喂，不要隨便亂動我的「四次元垃圾桶」!!
這個是用來丟故障或不能用的道具的垃圾桶。

而且我的道具大多是只用一次就得丟掉的，因為便宜嘛～
那麼，「備用四次元口袋」借我！
不行!!
只要你隨便使用未來道具，都不會有好事發生，你不是受過好幾次教訓了嗎!?
我把「備用四次元口袋」藏起來了。
小氣鬼!!
有沒有還可以用的呢……
這個好像還能使用。
我要留下來看家。
真掃興……

對了！
「分身槌」！
別逃啊！
我要幫妳分身。
※啪
パ
※敲
コツン
顏色好淡喔！
因為是舊道具的關係，不過就算顏色淡了點，還是能看家啊。
※飄來飄去
ブルブル
プスン
プルル
プル…
飛得很不穩定……
這樣不是比較刺激……
比較有趣嗎？
※噗嘶
※飄
プス
妳看！
プルン
プルン
雖然花了點時間，不過也到達高井山了！

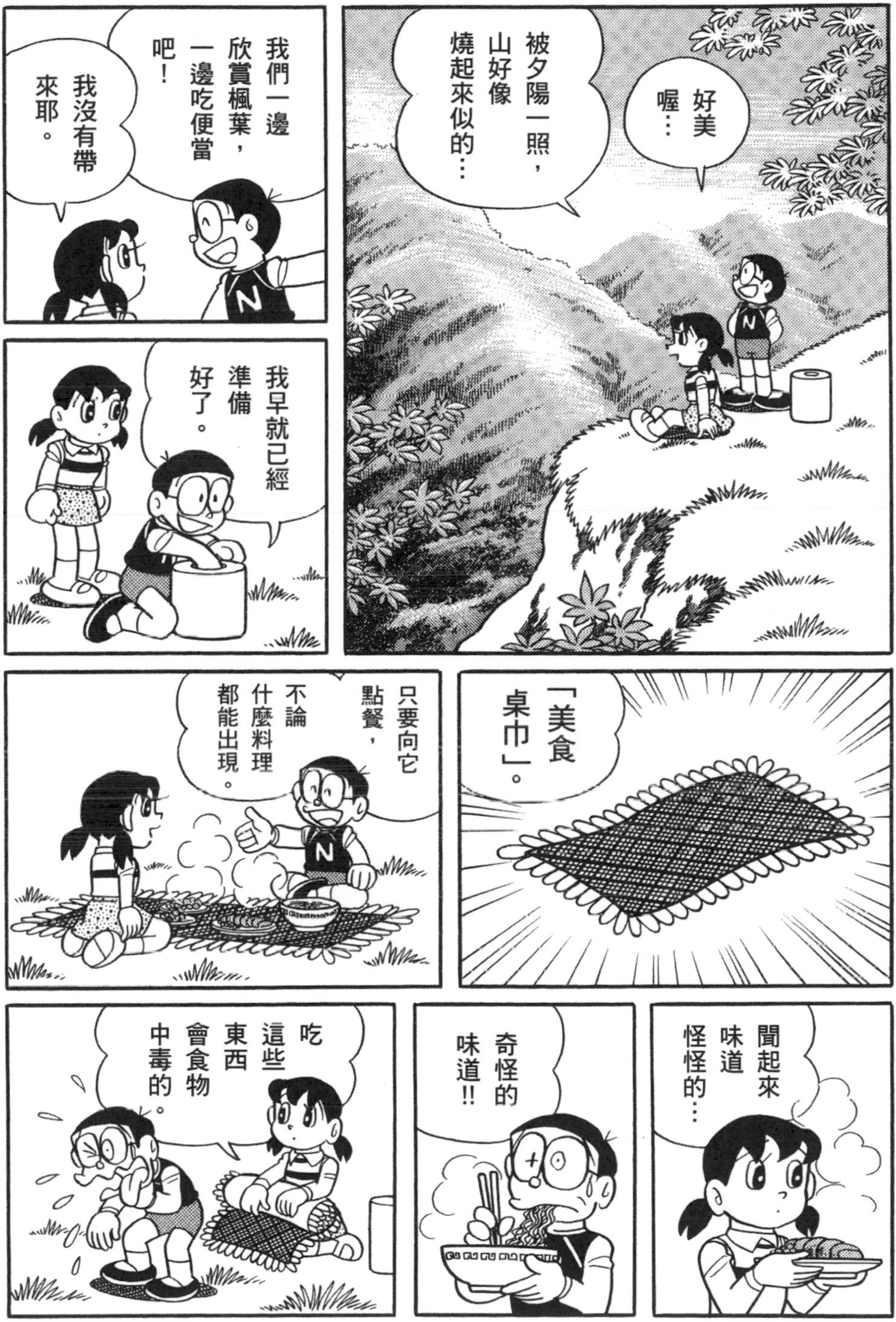
好美喔……
被夕陽一照，山好像燒起來似的……
我們一邊欣賞楓葉，一邊吃便當吧！
我沒有帶來耶。
我早就已經準備好了。
「美食桌巾」。
只要向它點餐，不論什麼料理都能出現。
聞起來味道怪怪的……
奇怪的味道!!
吃這些東西會食物中毒的。

在天黑之前回去吧！
嗯。
ガチン
※ 喀鏘
呀啊!!
完全不聽使喚!!
會飛到哪裡去呢!?
妳問「竹蜻蜓」吧！
※ 咚隆
好像飛到深山裡了。

別擔心，我還有很多道具。
「任意門」！
早知道一開始用它就好了！
完全不行。
用走的吧！
只要妳相信我，跟著我走就行了。
我覺得有點冷。
好，交給我！
「更衣照相機」。

※ 喀嗒

把溫暖外套的圖片放進去。
有點不太可靠!!
讓我測試一下。
所以我才說不可靠嘛！
立刻拿出「時光布」。
圍上那種東西好嗎？
反正已經壞了。
可是，好冷、好冷！
有「蒸氣火車頭」！
可以用這個飛奔回家！

※咳!咳!

怎麼只有煙……沒能源了……
哇啊~什麼也看不見。
ゴホン
ゲホゲホ
ゲホゲホ
コホン
果然不出我所料!
哆啦A夢!
靜香,妳在哪裡啊?
給他一點小小的懲罰吧!
哇——地面在搖晃!
是地震!
靜香,快逃啊!
神啊~救救我啊!今後我一定會做個好孩子的。
這是箱裝庭園系列的「遇難山模擬遊戲」。

並非所有道具都是買來的，即使要買也只買便宜貨。

利用租賃和試用品聰明省錢？

如果大雄媽媽給的零用錢不夠花，哆啦A夢就會回到未來世界打工賺錢。即使如此，也不可能足以購買漫畫中出現過、總計超過一千五百種的祕密道具。其實，哆啦A夢有許多省錢妙招，其中之一就是「租賃」。只使用一段時間的道具就用租的，「好朋友機器人」就是最好的例子。不過，租金越便宜的商品，功能性也越差……。另一個妙招就是「試用品」，就是廠商為了推銷新商品免費贈送的道具樣品。由於試用品有許多功能還搞不清楚，使用之後很容易出現問題。沒想到為了讓大雄輕鬆使用祕密道具，哆啦A夢在背後默默付出如此多心酸血淚。

媽媽，
危險
啊!!

▲便宜租來的「好朋友機器人」突然發狂，展現無窮力量！

如果您滿意塑膠製的試用品，敬請購買強化塑膠製的實物。首先請將刻度調整至目的地年代……
ムクムク

▲「時光隧道」的功能就是移動時間，不過試用品只能使用一次。也就是說，只能去、不能回？

※延展

便宜貨容易損壞。所以一定要定期檢修！

哆啦A夢的道具很多都只能使用一次，因此價格很便宜（請參閱第七十五頁）。就算可以使用多次，也大多有次數限制，例如「出氣沙漏」只能使用四次。唯一的缺點是，便宜道具很容易損壞。看來一分錢一分貨的道理在現代和未來都相通。可暫停時間的「停時錶」只要掉在地上就會壞掉，而且一定會發生在除了大雄之外，所有人的時間都暫停的時候……。

啊……現在別進來！
哇！這些都是從你口袋裡拿出來的嗎！？
▲每一百個月要檢查一次所有道具，確認是否故障。

為了避免發生這類的問題，哆啦A夢都會定期檢修祕密道具。既然要省錢，就要做好因應對策。

祕密道具的價格不如想像中昂貴？

使用現代科技無法實現的夢幻技術所製成的「竹蜻蜓」（詳情請參閱第六十四頁）看起來很昂貴，不過從大雄要哆啦A夢給他五、六個新的竹蜻蜓這一點來看，搞不好真的很便宜！汽車剛問世時的確很貴，但隨著普及率越來越高，價格也越降越低。或許在「竹蜻蜓」隨處可見的未來世界裡也是同樣的情形。此外，這些祕密道具以現代眼光來看確實是高科技商品，但有些其實是未來世界的兒童玩具。說不定哆啦A夢使用的所有道具都是兒童玩具呢！

未來幼稚園的小朋友會坐在裡面玩。
好棒的玩具喔！
▲「組合飛碟模型」是真的可以飛上天的飛碟。不過，這是專為未來世界的幼童研發的道具。

在「快樂的假日農業組」中，早已實現的工具是哪一款？

快樂的假日農業組

不要只在旁邊看，幫忙插秧啊！

「膠囊裝秧苗」。
「發射式小太陽」。
「軟管裝雲朵」。
「稻草人」。
還有「稻田地毯」。

※照耀 ※咻砰

道具解說

使用農業組合就能在房間種稻子。將肥料先裝入「膠囊裝秧苗」裡，再將秧苗插入「稻田地毯」上，兩個小時後就能長出稻子。搭配「季節控制器」便無須擔心稻子成長期間的氣候。

是不是太熱了啊？
真奇怪，夏天還沒到啊！

得要有梅雨才行啊！雨量太少了。
是季節控制器壞了，便宜果然沒好貨！

◀「季節控制器」異常導致氣候怪象！之後使用「人造雲」卻造成降雨過多，掛上晴天娃娃才度過危機。

連蝗蟲卵都放進去了啊？
為了讓人體驗農夫的辛勞，所以才做成這樣。
ピョン
ピョン

※跳跳跳

◀還有可讓人體驗農作辛苦的各項服務。勞動一天後吃的飯最美味！

▼為了送靜香禮物，大雄還曾種植番薯。

漫畫出處

《室內稻田》等

幾乎所有技術都已經實現！運用在蔬菜工廠中，種植大量作物！

在工廠種植蔬菜，就能解決全球糧食問題？

現代農業是從戶外野地種植開始，逐步發展至溫室等設施栽培，以及不使用土壤的水耕栽培。近來更進步到類似快樂的假日農業組的型態，在建築物中建構種植環境的「工廠蔬菜（植物工廠）」。工廠蔬菜分成在密閉空間中培育的「完全人工光源型」，以及靠太陽光生長的「太陽光利用型」兩種種植方法，前者就很類似祕密道具。

接下來容我以快樂的假日農業組為例，解說植物工廠的運作原理。將植物生長必須的營養素溶解成營養液，倒入植床中，這就是組合裡施以

▲工廠蔬菜有別於戶外栽種的型態，可以上下鋪般往上疊好幾層。利用循環方式重複使用水資源，發揮環保功效。

影像提供／Pasona Group

肥料的「稻田地毯」。有時候種植的秧苗也會使用如「膠囊裝秧苗」般的種苗。使用又亮又熱的LED燈為照射光源，相當於「發射式小太陽」的太陽光。不僅如此，整座工廠還會嚴格管理溫度與溼度，發揮「軟管裝雲朵」和「季節控制器」等功效。

工廠蔬菜的特性就是不受氣候影響，一年四季都能生產穩定數量（也就是說價格能夠安定）、在有限土地上提高生產性、縮短成長期且加速採收，因此一般認為，在這樣的狀態下種植出來的工廠蔬菜，有助於解決人口日益增加衍生出的全球糧食問題。此外，工廠環境較衛生，無須使用農藥，還能改良營養成分，促進身體健康。話說回來，工廠設備與管理成本昂貴，工廠蔬菜種類較少，目前以萵苣、生菜和白菜等根莖類蔬菜為主，還有許多問題尚待解決。不過，近來已出現可以種植水果和根莖類蔬菜的工廠，隨著科技進步，可以種植的作物種類將會越來越多。

▲Pasona 本部也種稻子！二〇一一年發生關東大地震之後，受到電力不足的影響，目前休耕中。

影像提供／Pasona Group

無論在餐廳或公司，隨時隨地都能務農！

利用工廠蔬菜技術，在店裡種植蔬菜，現摘現煮給客人吃的餐廳經營型態備受注目。這就是「店產店銷」的概念。潛艇堡速食店「Subway」就在部分門市種植萵苣，讓顧客一邊品嘗潛艇堡裡夾著的新鮮萵苣，一邊欣賞種植萵苣的情景。

此外，也有公司利用整棟大樓種植作物，倡導「與自然共生」的觀念，藉此療癒員工心情。打造環保企業形象的人才派遣公司「Pasona Group」就是最好的例子。這個現象無疑宣告了隨時隨地都能務農的時代已經展開。

為什麼許多祕密道具都是利用動物的能力？

黏手黏腳

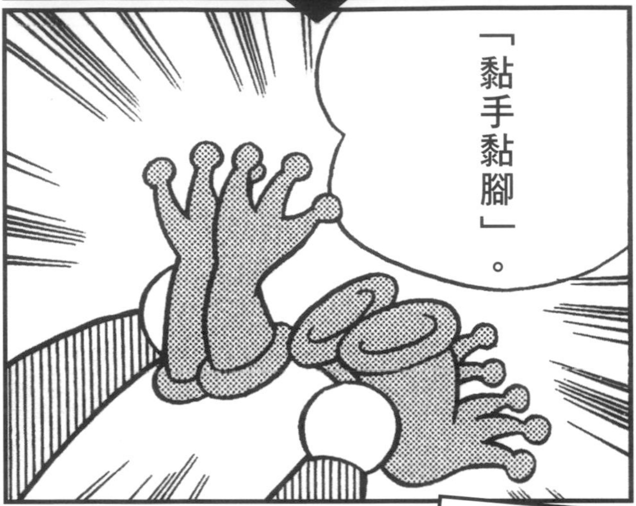
「黏手黏腳」。

這樣就沒問題了。
ガク
ガク
ガク

※吸入 ※翻滾

道具解說

穿上壁虎般的手套和鞋子，就能緊緊吸附在任何牆面和天花板上往前進。只要使用這項道具，即使以極快速度站上移動中的汽車車頂，也不怕重心不穩而掉落。

是臭鼬的能力！
也不要在水泥管裡面放屁嘛…嗯！

▲小夫施展的是會發出噁心臭味的臭鼬能力。唯一要注意的是，在水泥管中施放，自己也會受害！

動物式防身錠

「動物式防身錠」。
カメ
カメレオン
スカンク
トカゲ

ビリ
※扯破

▶在遇到緊急狀況時可以施展動物能力度過危機的道具。右圖是效法蜥蜴斷尾求生的能力。

昆蟲丹

你找死啊!!
輕飄似蝴蝶…
猛刺如蜜蜂!!
ボガ
※揍

※旋轉
ブルン
ブルン
螞蟻的怪力。

▲▶大雄原本很看不起昆蟲的威力，使用之後覺得超強！另有可發揮獨角仙外殼硬度的道具。

「昆蟲丹」。

突然好想吃葉子喔。

哇～順利結成繭了。

▲一吃下就能擁有昆蟲的能力。不過，要先像昆蟲一樣吃葉子、作繭成蛹、羽化後才能施展。

漫畫大長篇
《大雄與銀河超特急》等

結合生物智慧和人類科技，創造出功效卓越的「祕密道具」！

「模仿」動物的特殊能力

地球上的生物為了在棲息環境中生存下來，其身體構造和生理機制會不斷演進。研究人員從生物的身體構造獲得靈感，研發各種工業製品，這就是所謂的「仿生學」。

壁虎的腳可以緊貼在牆壁和天花板上

壁虎利用四隻腳緊貼在牆壁和天花板上，穩住自己的身體。這個狀態相當於在一張明信片的面積中，垂掛兩百公克左右的鉛錘。不僅如此，在吸力如此強大的狀況下，壁虎還能迅速的在牆壁和天花板爬行。日東電工著眼於壁虎腳掌的特性，利用仿生學研發出「壁虎膠帶」。

影像提供／日東電工

▲（照片1）：壁虎腳掌的電子顯微照片。

以電子顯微鏡觀察壁虎的趾尖內側，發現生長著總計超過十億根的細毛（照片1）。這些細毛就是用來填滿腳掌與牆面縫隙，產生緊密貼合力。日

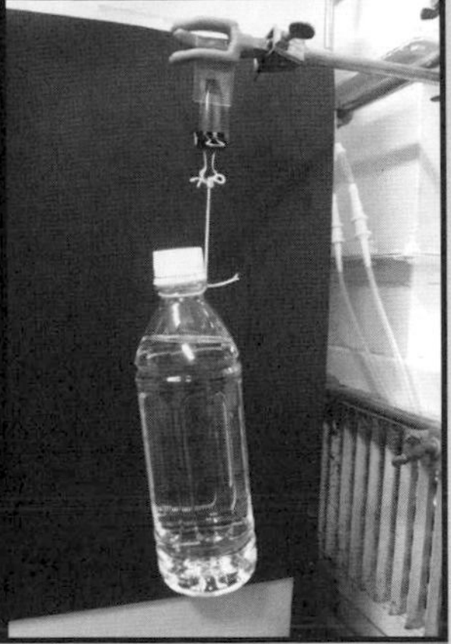

▶（照片2）：一平方公分的壁虎膠帶可以垂掛五百公克寶特瓶，黏著力為壁虎腳掌的八成左右。

影像提供／日東電工

東電工從這一點獲得啟發，在每一平方公分的黏著面鋪滿一百億根「奈米碳管」製成膠帶，即可展現與壁虎腳掌一樣的高度黏著力（照片2）。

不會弄髒的蝸牛殼

通常下雨時或在溼氣較高的地方可以看見蝸牛的蹤影。有趣的是，就算周遭泥濘不堪，蝸牛殼還是保持光滑如新，原因就在於蝸牛殼擁有可以輕鬆去汙的祕密。

蝸牛殼表面整齊排列著小小的「溝」，當水淋在殼上就會形成一層薄薄的「水膜屏障」，避免表面附著油汙。於是人類將這項技術運用在房子外牆或廁所防汙。

自然界花了長久歲月演進的聰明智慧，造就出讓我們的生活更加便利的現代科技，謹記這一點，同時關注棲息在身邊的各種生物，為生活增添樂趣。

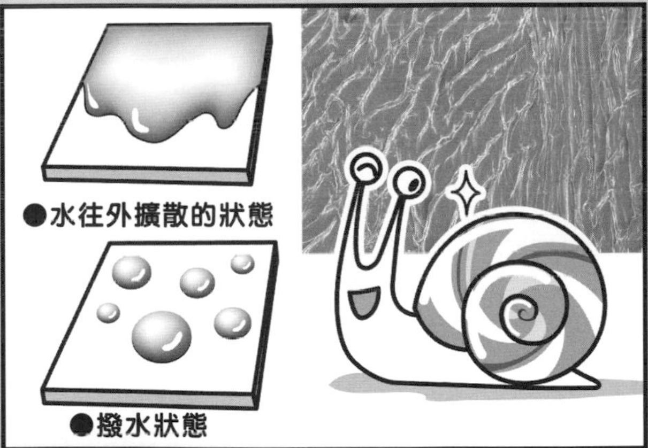

▲用電子顯微鏡觀察蝸牛殼，可以發現許多細溝。當水均勻填滿所有細溝，就能輕鬆洗去汙垢。

影像提供／LIXIL（INAX）

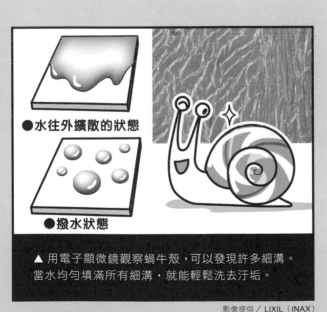

現代科技是否能實現「瞬間膠槍」？

瞬間膠槍

道具解說

射擊的瞬間能將目標物黏在地上使之無法動彈。用在遭到破壞也會自動復原的特殊陶器（燒製黏土而成的製品）土偶，也能發揮絕佳效果。

※碰 ※咻 ※嗶咻 ※碰咻

※黏

▲◀一群恐怖機器人從科學較為進步的星球來到地球!（詳情請參閱《大雄與鐵人兵團》）堅不可摧的機器人機身很可能是用地球上不存在的金屬製造而成。既然很難摧毀，那就讓它們黏在一起吧!

▲▶上圖是以200日圓買的「深海潛水艇」（紙製手工藝品），買來後要自己組裝，並用「瞬間接著強力膠」固定。這應該是「瞬間膠槍」的工藝版道具?

漫畫大長篇

《大雄的日本誕生》等

YES! 現在幾乎所有東西都能黏著固定！

接下來容我為大家解說黏著劑產生黏性的原理。黏著劑的主成分是由碳（C）、氫（H）、氮（N），以及氫氧離子（OH）結合而成的液狀有機化合物，是一種遇到黏著物或空氣含有的微量水分便產生反應、瞬間黏著凝固的物質。幾乎所有瞬間黏著劑的成分都是氰基丙烯酸酯。

氰基丙烯酸酯的化學結構式

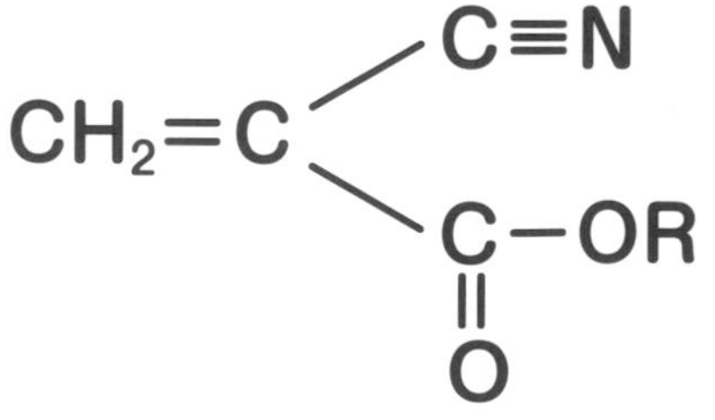

◀化學結構式是指物質中元素構成的方式。

現在的黏著劑甚至可以舉起汽車！

相信大家都同意瞬間膠槍的黏著力真的很強，不過，現在的黏著劑強度越來越高，絕對不輸給瞬間膠槍！

大家或許在電視上看過「Aronalpha瘋狂瞬間膠」的廣告，一會兒將汽車黏在吊臂上舉起、一會兒又將網球黏在一起，就像在看特效片一樣。

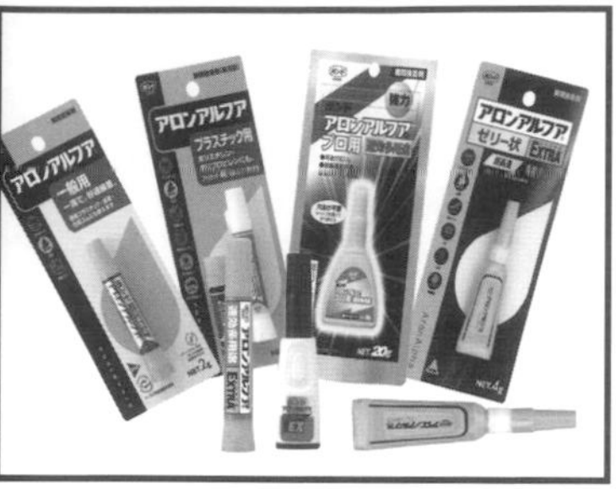

▶現在的黏著劑種類相當豐富，可依照用途選擇適合產品。

影像提供／東亞合成

搭配不同化學物質 任何材料都可黏著！

除了主成分氰基丙烯酸酯之外，剩下的微量成分將決定黏著劑的特性。想要黏接哪種材質？多久要固定？耐久性如何？會不會危害人體？黏著劑廠商的積極研究，研發出了今天的各種高性能黏著劑。

只要有瞬間黏著劑與漆彈槍 就能完成瞬間膠槍

運動選手在比賽中受傷時，通常會先在傷口塗上一層薄薄的醫療用瞬間黏著劑，發揮OK繃的止血效果。由於瞬間黏著劑可以黏橡膠、皮革、金屬，甚至於人體，因此只要購買防身用漆彈槍，填入瞬間黏著劑再射擊，就能利用現今二十一世紀的科學技術完成瞬間膠槍。

唯一要注意的是，千萬不能因為做得出來就妄加嘗試。現在的黏著劑黏性很強，任意使用可能會造成危險。為了安全考量，請務必備妥專用溶劑「丙酮」。

可以黏橡膠

▶Aronalpha的電視廣告畫面。瞬間黏住摩托車輪胎！

可以黏皮革

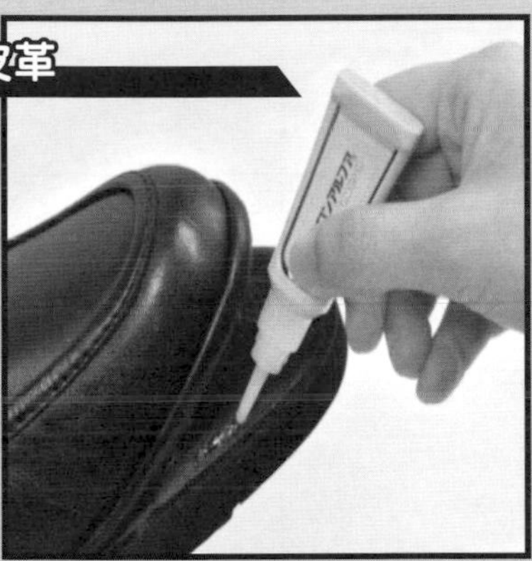

▶開口笑的皮鞋也能修補，黏好後就可以安心穿出門。

也可以黏金屬！

▶將公車車頂整個拆掉！對於金屬的超強黏性令人驚訝。

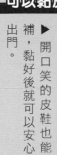

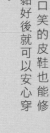

現代科技是否能消除噪音或歌聲？

吸音機

道具解說

任何的噪音都能吸收，並儲存在罐子裡。不過，如果有人像喝果汁一樣喝了罐子裡的聲音，他就會變成人體喇叭，播出原本儲存在罐子裡的噪音。

你做了什麼？
將外面的聲音吸進罐子裡啊。

▲▶ 隔壁家的音樂開得很大聲，害爸爸沒辦法午睡，大雄見狀便拿出「吸音機」，還向爸爸索取謝金。

這是怎麼回事？怎麼突然變安靜了？
我把聲音吸掉了。
給我一百三十元作為謝禮吧！

※ 咕嚕

因為太入迷，誤把罐子當成是果汁。
ゴク
!?

※ 噪音

▲▶ 大雄一邊看漫畫，不小心誤喝了罐子裡的聲音……結果大雄本身變成了噪音源。

吵死了，安靜一點啦！
ジャーン
ダダダダ
ガッンガッン
ガミガミ
ガミガミ

漫畫出處

《將噪音公害裝進罐子吧》

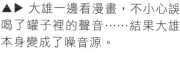

A

可利用聲音抵銷胖虎的噪音，恢復寧靜的環境！

首先應了解聲音如何生成，以及傳遞的方式！

大家知道聲音是如何生成，以及如何傳遞的嗎？聲音其實是空氣振動。舉例來說，當我們敲大鼓時，繃緊的鼓皮會產生劇烈振動，此時周遭空氣受到鼓皮上下拉扯，產生振動。振動像波浪一樣在空氣中傳遞，傳入我們的耳朵，形成我們聽見的聲音。敲擊不同物體會產生不同波形，這就是形成不同聲音的原因。

緩和的波形讓聲音聽起來較低沉；密集的波形讓聲音聽起來較高亢。若呈現不規則波形，就會產生令人不舒服的聲音。

物體發出聲音的原理

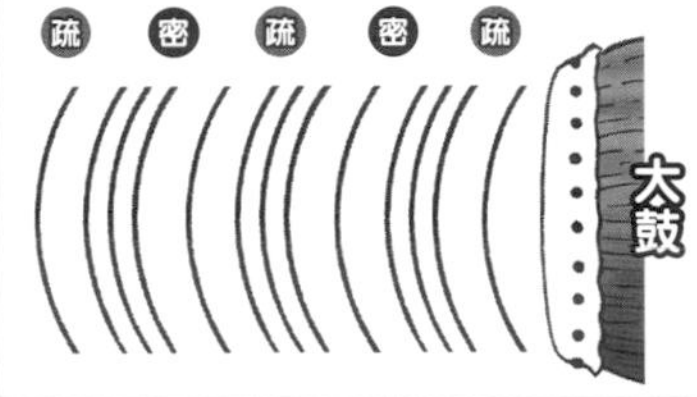
疏
密
疏
密
疏
大鼓

鼓皮振動連帶使得空氣產生振動，往外拉扯時為「疏」、往下按壓時為「密」，不斷重複疏密狀態。這就是產生聲音的真相。

人類發出聲音的原理

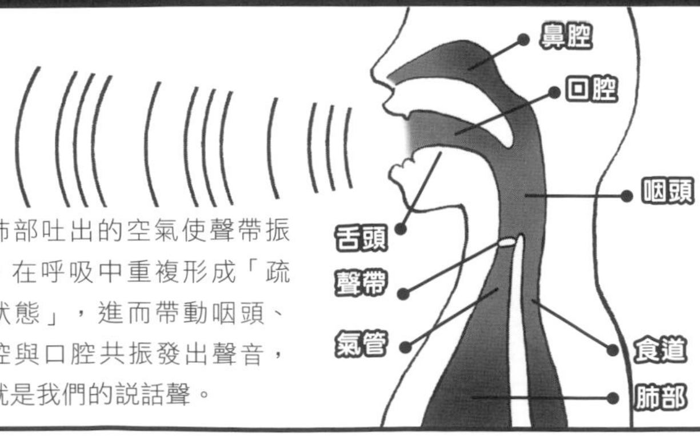
鼻腔
口腔
咽頭
舌頭
聲帶
氣管
食道
肺部

從肺部吐出的空氣使聲帶振動，在呼吸中重複形成「疏密狀態」，進而帶動咽頭、鼻腔與口腔共振發出聲音，這就是我們的說話聲。

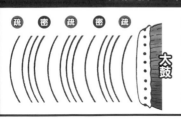

利用逆相位音波抵銷聲音？

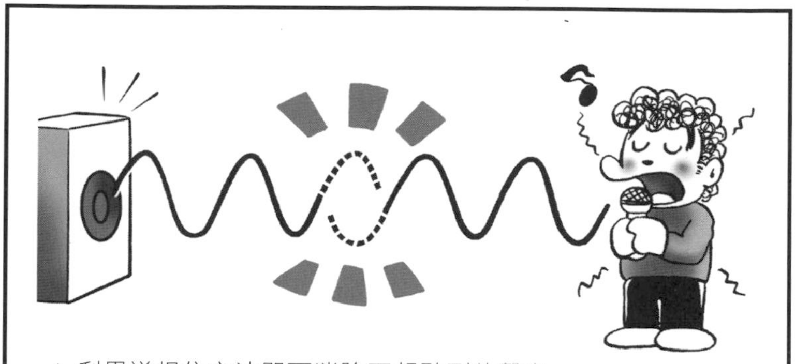

▲利用逆相位音波即可消除不想聽到的聲音。

由於聲音像波浪一樣在空氣中傳遞，因此也稱為音波。音波傳遞距離愈遠，就會往四面八方擴散或被障礙物吸收，最後消失不見。除此之外，還可利用其他方式消除聲音。利用形狀完全相反的（逆相位）音波，即可成功消除噪音。讓這兩種音波在空氣中碰撞就能夠相互抵銷，恢復寧靜的環境。

主動式噪音控制技術也可用來消除工地噪音

雖然作用原理與吸收聲音的吸音機不同，但逆相位音波可以發揮相同效果。事實上，目前已經有廠商推出利用逆相位音波消除雜音的耳機，也有研究團隊正在研發消除施工噪音的系統。以二十一世紀的技術水準而言，或許很快就能讓所有人，擺脫胖虎的個人演唱會惡夢。

影像提供／BOSE

消噪耳機
QuietComfort 25

▶使用逆相位音波消除雜音的出色產品。

防音門
控制喇叭
擴大機
控制用機器
誤差麥克風
參考麥克風
ANC系統 實驗

▲若實驗成功，即可大幅降低隧道工程產生的爆破噪音。

影像提供／鹿島建設

特別專欄

道具存在的目的，不是只有方便而已？

使用者創意能左右道具用途！

「祕密道具」中不乏實現人們夢想的便利用品，不過，其中也有用起來麻煩，根本不知道拿來做什麼、令人不明所以的道具。

這類道具最具代表性的就是「打開就下雨的傘」。正常來說，傘是用來避免被雨淋溼的工具，可是只要使用這項道具就一定會被雨淋溼。就連哆啦A夢也認為這項道具沒有用。不過，大雄離家出走到無人島的時候，這把傘下的雨，反而成為他的飲用水，救了他一命。

▲這把傘曾經因為太沒用而被封藏起來。

此外，「功能反轉箭」也是一項令人困擾的道具，凡是被它碰過的東西或人，就會產生顛倒的性質或立場。即使如此，它也能像左圖一樣發揮作用。追根究柢，道具是為了實現某個特定目的製作而成，不過，使用者可以發揮自己的創意，運用在與原本截然不同的用途上。

▲▶使用「功能反轉箭」之後，就會發生如上圖般的異常狀況。不過，若用在大雄頭上，反而能輕輕鬆鬆寫完功課！

最重要的就是「玩心」！

不僅如此，還有許多不知道「當初發明來做什麼？」的祕密道具。「任意門」的縮小版「任意窗」、功能類似「竹蜻蜓」可以飛上天的「火箭口香糖」即為當中的例子。這些道具都有其他功能更強、用起來更方便的類似道具，完全不需要被發明出來。不過，大家平常使用的文具也都是從眾多廠商推出的各式商品中，選出最適合自己的用品。從這一點來看，這些道具的存在似乎也不是那麼沒有道理。

▶大雄的身材剛好能通過「任意窗」，所以這應該是兒童用道具？

○火箭口香糖

話說回來，確實有些祕密道具會讓人以為這根本是來鬧的。例如「變得看不見的眼藥水」並不是讓使用者變透明，而是讓使用者看不見身邊的人；「打架拳擊套」則是讓一個人也能打架的拳擊手套。雖然這兩項道具要發揮作用確實有些難度，但你不覺得它們很有趣嗎？這就是「玩心」的表現。儘管不實用，卻讓人覺得好笑、感到放鬆。這也是祕密道具的重要功用之一。

▲除了自己以外的人都會變成透明人，要在什麼時候使用這項道具呢?

※碰

▲莫非這是為了鍛鍊自己的身體而發明的道具？若是如此，應該還有其他更好的方法才是。

搭乘『時光機』時如果只移動時間，將會發生什麼結果？

時光機①

到二十五年後吧！
到那個時候，再怎麼說你也應該有找到對象了吧！
從廁所裡面出來啊！
原來我家已經變成公共廁所了。

▲▶為了確認大雄未來的結婚對象而前往二十五年後的未來。地點鎖定大雄的房間，只移動時間，卻發現大雄的房間變成了公共廁所！

道具解說

時光機是一種移動時空、回到過去或前往未來的交通工具。哆啦A夢就是從二十二世紀搭乘「時光機」來到現代。除了「移動時間」之外，還可「移動地點」，前往想去的地方。

※喀洽喀洽

◀雖然後來的機種可以搭乘五人，但前往一億年前的白堊紀時只能搭乘三人。由於超載的關係，使得原本有些怪怪的「空間移動」功能完全損壞。

▶▼好久好久以前，魚類和貝類是在陸地生活的！由於大雄在學校後山發現魚類和貝類化石，因此提出這個驚人學說。可是，哆啦A夢卻說一億年前的關東地區是一片海洋。為了確認誰是對的，兩人搭乘「時光機」前往一億年前。結果當然是來到海底。

※咕嚕咕嚕

▶「時光機」的相關道具「時光皮帶」只要繫在腰上即可使用。雖然用法簡單卻不能移動空間，一定要小心使用！

漫畫出處

《大雄的新娘》等

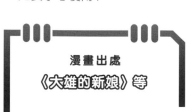

A

有可能會到外太空。就算運氣好留在地球，也可能會到意想不到的地方，例如海中央。

地球是運送人類的「交通工具」

我們所身處的地球繞行太陽一周（公轉）約需三百六十五天，換算成時速大約是十萬七千兩百八十公里。此外，以連結地球北極與南極的線為軸，像陀螺一樣自轉的時速約為一千六百六十到一千六百七十公里（圖1）。多虧地球的重力

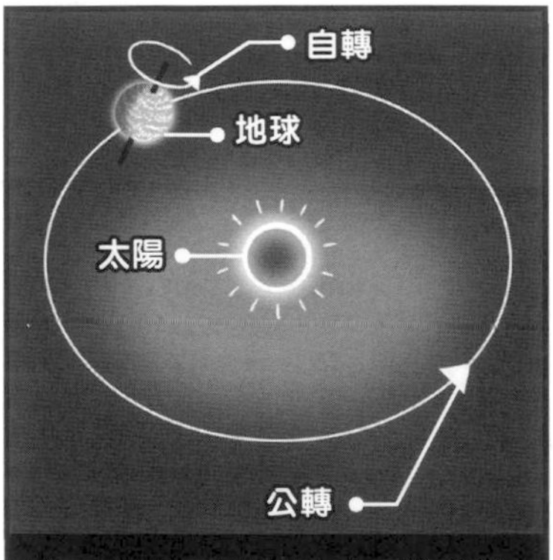
自轉
地球
太陽
公轉
圖1：太陽與地球的公轉自轉

和慣性定律（圖2）維持相同運動，才能讓人類在地球轉動速度如此快的情形下，沒被甩到外太空。

在不移動空間的狀況下，搭乘時光機進行時光之旅的行為，就如同不再乘坐著繞著太陽公轉的地球這個大型「交通工具」。就算成功前往不同時代旅行，也要讓地球維持與出發時同樣的位置，否則時光機就會從宇宙空間出來，將人送到外太空。

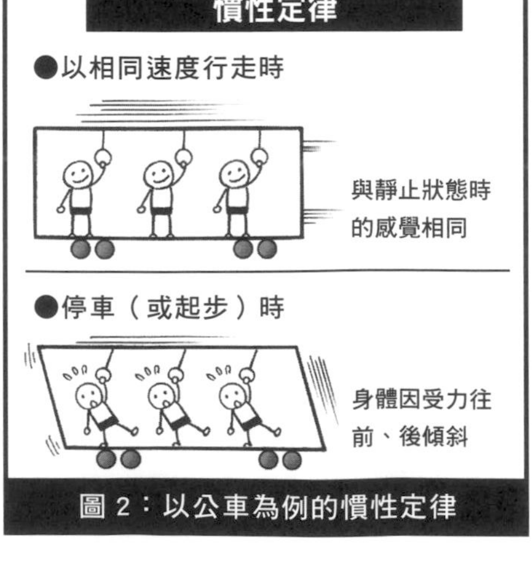
慣性定律
●以相同速度行走時
與靜止狀態時的感覺相同
●停車（或起步）時
身體因受力往前、後傾斜
圖2：以公車為例的慣性定律

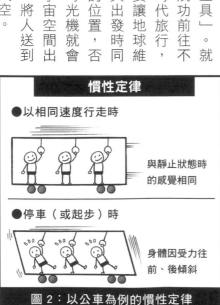

外太空的每個角落都在移動

重點在於，身為公轉基準的太陽並非永遠待在相同位置。宇宙是在一百三十七億年前發生的大爆炸中生成的，科學家認為宇宙直到現在仍持續膨脹（擴大）當中（圖3）。換句話說，想在無窮無盡的宇宙中正確鎖定地球位置，是絕對不可能的事情，進行時光旅行的同時，若不清楚地球位置，就會在外太空迷路。

話說回來，有沒有可能精準抵達地球上同一個地方？這一點也是問題所在。原因在於陸地也在漫長歲月中慢慢移動（圖4）。姑且不論相隔幾百年這類比較接近的時代，若要前往數萬年、數億年前，當時的日本列島很可能是一片汪洋大海……。

時光旅行目前還只是一個夢想，若將來科技發展到可望製造出時光機的階段，恐怕這是必須先解決的當務之急。

宇宙就像氣球一樣
不斷的在膨脹。
地球所在
的銀河系
圖 3：以氣球為例的宇宙膨脹模型

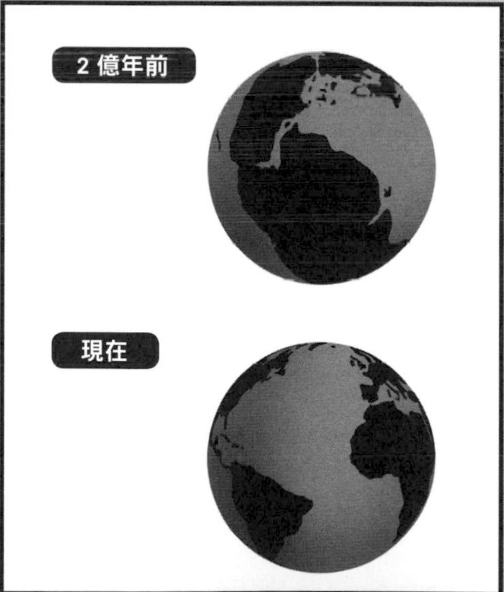
2 億年前
現在
圖 4：盤古大陸與現代大陸之比較

可以使用祕密道具賺錢嗎？

增值銀行

「增值銀行」。
BANK
存錢
借錢

把十元擺在存錢的窗口。
這樣嗎？
感謝您利用本增值銀行。
かし出し

◀▲假設存入 10 日圓，1 個小時後存款會變成 11 日圓，一週後就會暴漲至 9000 萬日圓！

道具解說

將錢存入增值銀行，一小時就會產生一成的利息。定存的利息更高。相反的，借款的一小時利息為兩成。如果不支付利息，借款者擁有的財產便會消失。

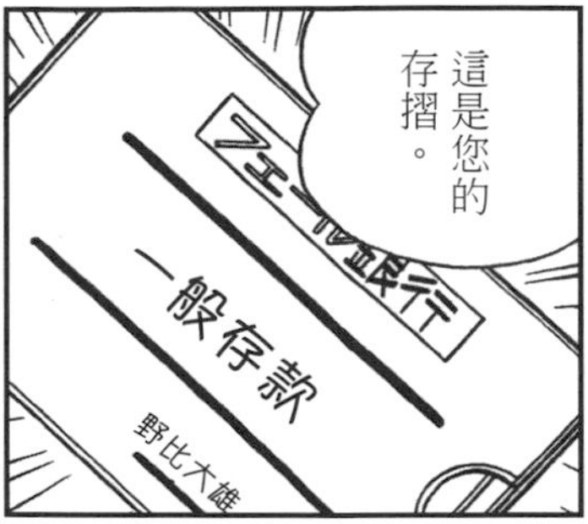
這是您的存摺。
フエール銀行
一般存款
野比大雄

▲ 大雄存了 10 日圓，拿到自己專屬的存摺。整個過程就像真的銀行一樣嚴謹！

可以…
借我五千元嗎？
感謝您的利用。
BANK

▲ 在等待存款增加的過程中，全世界只有一個的模型可能會被買走！心急如焚的大雄趕緊向貸款窗口借了 5000 日圓，可是，他還得出來嗎？

一年定期沒存滿一年，是無法領回的。
BANK

銀行搶匪！！

※鈴鈴鈴

▶ 利息比較高的定存是不可以中途解約的，若是想以蠻力破壞存款機，就會遭到電流攻擊！

金錢蜂忙做工

已經累積這麼多。
還不到三十分鐘耶！
ザラー

※倒出

▶ 「金錢蜂」會將掉在小河或空地上的錢撿回巢裡，雖然可以累積財富，但如果不將撿來的錢送到派出所就會觸法。不過，在這種情形下，很難跟警察伯伯解釋這些錢是在哪裡撿到的。

下頁起將刊載與這一題有關的漫畫！

漫畫結束後還有問題的答案喔！

漫畫出處

《增值銀行》等

萬能公司

我一直都這麼覺得，
哆拉A夢真的好厲害喔。
幹嘛突然稱讚我？
因為你只要把手伸進口袋，就能拿出任何東西來啊。
還好啦，也不是什麼都拿得出來啦，
但是也十之八九了。
這就是關鍵!!
你難道不想將這麼偉大的力量，多多發揮在這寬廣的世界嗎？
……什麼意思？
我們來開個「萬能公司」吧！
只要獲得好評，就能賺大錢了。

豈有此理!!
那些都是個人使用的道具，
不是拿來給你賺錢用的。
不要老是想些有的沒的。
哆啦A夢偶爾也會像個大人一樣訓話耶。
雖然他是個不錯的傢伙……
不過我還是要做。
「備用四次元口袋」。
這裡頭的四次元空間和哆啦A夢的口袋相連結。
換句話說，就是什麼都拿得出來。
接下來……要成立一個公司，
剛開始需要什麼呢？

辦公室!!
我記得有個道具……
「壁紙公司」。
萬能公司
貼在這裡好了。
雖然入口有點窄，
萬能公司
不過裡面可是很寬敞呢！
對了！先錄用一名員工吧!!
找靜香好了!!

我讓妳做老闆的祕書。
？
請進。
這個是公司!?
我不是在開妳玩笑啦。
我用了哆啦A夢的道具……
我們一起把它經營成世界性的大企業吧。
為了宣傳，所以用「模範廣告書寫筆」和「萬能影印機」製作了宣傳單……
新時代新企業
不管什麼全都受理的公司
終於開設！
我做了宣傳單，麻煩……
我拿去發給大家吧。
總覺得這好像不是老闆該做的工作耶。

這是怎麼回事!!
竟然擅自開起公司，我絕對饒不了他!!
趕快把那個拿出來。
「警衛機器人」。
聽好喔，要是哆啦A夢來了，就把他攆出去！
大雄!!
※彈出

你這個笨蛋！要是用這個來賺錢的話，會被罰很多錢的。
大雄住手啊。
※發亮
歡迎光臨。
靜香，是客人吧？
請他進來。
咦？小朋友？
你有事情來拜託我們對吧？快點說出你的來意。
光是哭我們也不知道啊，快說給姐姐聽。
嗯…嗯…你不小心把爸爸重要的甕打破了？
因為很害怕，所以希望我們幫你去道歉嗎？

※叩叩

這種事簡單。
用「復原光線」就好了…
ピタッ
回去要小心，不要跌倒了喔。
萬能公司
他好開心喔。
真沒意思，對方是小孩子，所以也無法向他收錢。
只要能夠幫助人，讓大家開心不就好了嗎？
我才不要，沒有賺大錢就沒意義了。
下次一定要好好收取大筆費用，然後再跟妳平分。
叩叩！
麻煩你替我們家的大院子除草。費用一萬圓如何？
一萬圓!?
那就派「速成機器人」去做吧！

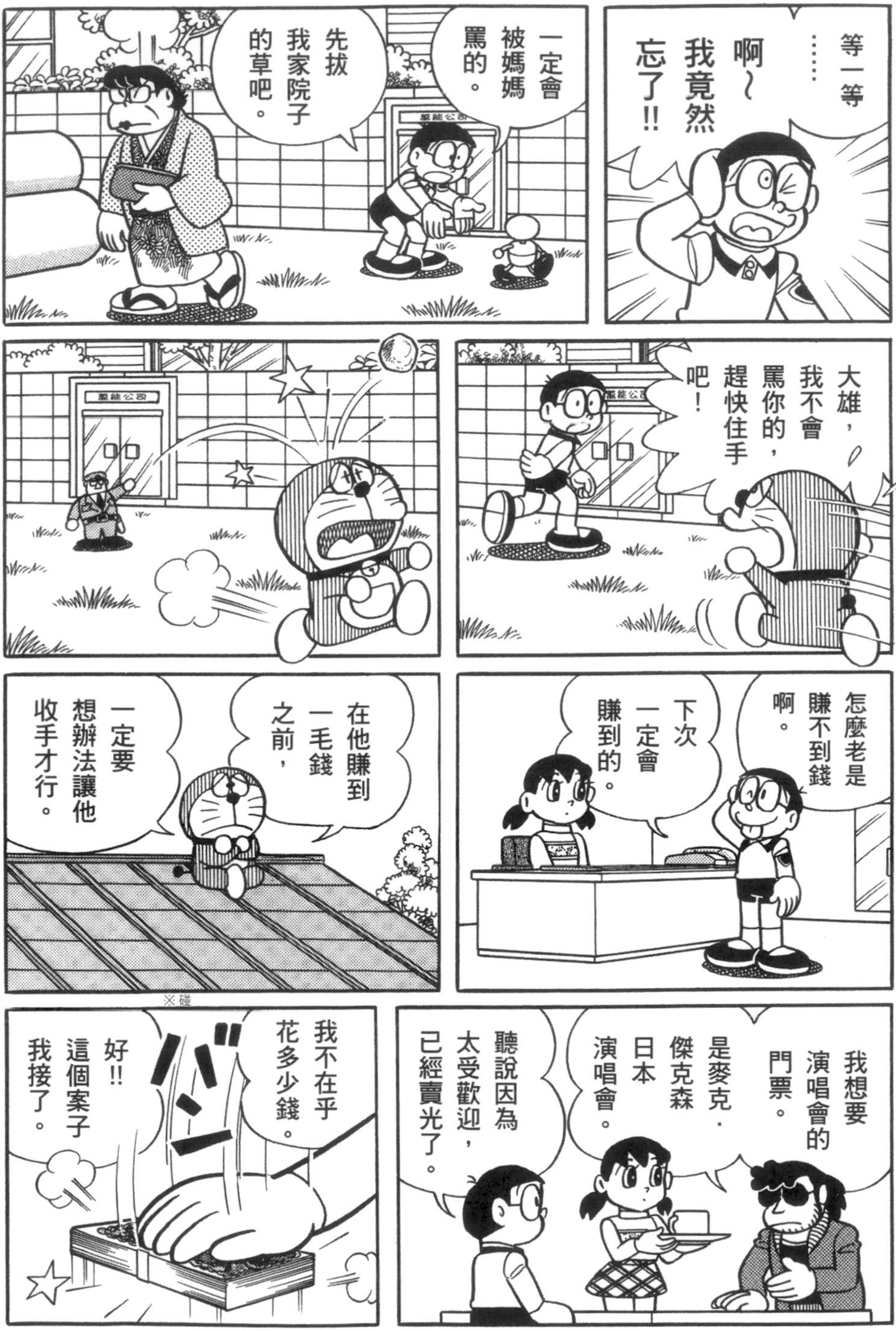
等一等……
啊～我竟然忘了!!
一定會被媽媽罵的。
先拔我家院子的草吧。
萬能公司
大雄，我不會罵你的，趕快住手吧！
怎麼老是賺不到錢啊。
下次一定會賺到的。
在他賺到一毛錢之前，
一定要想辦法讓他收手才行。
我想要演唱會的門票。
是麥克·傑克森日本演唱會。
聽說因為太受歡迎，已經賣光了。
我不在乎花多少錢。
バン
※碰
好!!這個案子我接了。

※翻找
我記得……
有一個道具叫「預約機」……
只要有那個的話……
※搔癢
哇…好癢喔！
對了！兩個口袋是相連的!!
※拉
哇！是誰!!
※掉進
饒了我吧，我收手就是了!!

A

道具只能做私人用途，不能拿來賺錢！若違反規則可能會被罰款。

從不動產到運輸業，大雄其實是賺錢天才！

大雄為了賺錢，偷偷借了「備用四次元口袋」來用……不過，就像哆啦A夢說的，祕密道具絕對不能拿來謀利。話說回來，大雄的學校成績很差，賺錢的點子卻總是想得比任何人還快。光是本書介紹的道具，大雄就曾經販售過「太陽能乾冰源」（請參閱第六十六頁）以及「變暗燈泡」（第一百三十六頁）。其他還包括了可

哆啦貓宅急便
☆便宜！
☆快速！
☆確實！
一次十元

▲每次大雄開始做生意，就會自己手寫宣傳海報。

將行李和包裹運送到任何地點的「地圖注射器」、利用往上增建好幾層樓的「四次元疊疊屋」蓋房子，再將房間租出去……說不定，大雄真的是個做生意的天才喔！

加蓋成五層樓，四樓給你。

※喀嚓

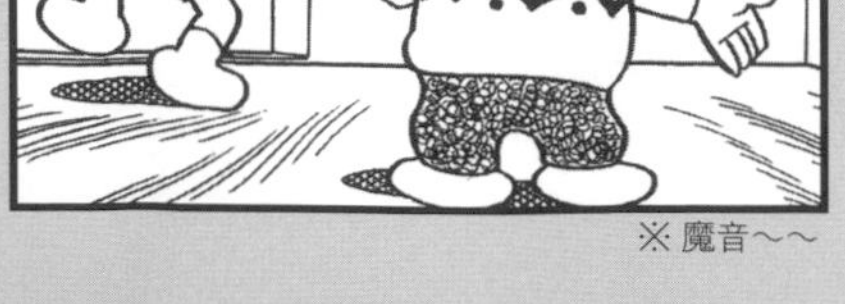

※魔音～～

◀將增建的房子以每月一百日圓的租金租出去。大雄嘗到甜頭後，將自己家蓋得越來越高，可是，整個家只有一樓有廁所啊！

濫用「時光機」還會觸犯其他法律！

雖然未來世界的人可以自由從事時光旅行，但絕對不能任意使用「時光機」，否則將觸犯「航時法」。未來世界會制定這條法律是有原因的，因為前往過去有可能會改變歷史，因此甚至還成立「時光巡邏隊」，負責緝拿違反法律的時間罪犯。時光巡邏隊曾經救了哆啦A夢一行人好幾次，是值得信賴的時空警衛隊。

▲時光巡邏隊的「時光機」。

話說回來，利用時間移動來賺錢也是觸犯航時法的行為。若是允許這樣的行為，任何人都能輕鬆賺錢，那會造成金錢再也不具價值。從未來世界來到現代的哆啦A夢當然也了解這一點，卻也曾敵不過大雄的請求破例幫忙。

例如：有一次，大雄將爸爸領到的獎金存入了現實世界裡的銀行，而不是存入「增值銀行」，再前往一百年後領出增加許多利息的存款。

又有一次，大雄事先得知了彩券的中獎號碼，於是回到過去，買了一張會中頭獎六百萬日圓的彩券！不過，到頭來的結果卻都不如人意，由此可見，壞事真的不能做啊！

▲錢存了一百年後盈餘增加許多，卻都是現代不能使用的紙鈔。

▲就連一開始強烈反對的哆啦A夢，在找到頭獎彩券時也開心得快暈過去！

已經有人製造出「空氣蠟筆」，這是眞的嗎？

空氣蠟筆

※畫

道具解說

空氣蠟筆可以發揮神奇的效果，在空中畫出自己喜歡的圖畫，畫好的圖案還能像真的一樣活動自如。此外，只要使用「空氣橡皮擦」，就能將圖案擦掉。

▲◀大雄等人開心的畫溫暖的太陽、各種動物、可以往上走的樓梯等圖案，不過，若是繪畫功力差到像大雄一樣，想畫貓卻畫成了狗，最後就會創造出截然不同的生物。

※擦

▲大雄真的很不會畫畫，竟然畫出一隻老虎？發現畫錯時只要使用「空氣橡皮擦」擦掉即可。

▶針對幼童繪製的作品中，也曾出現「空氣蠟筆」喔！

漫畫出處

《空氣蠟筆》等

只要有電腦和錄影機就能做出相同效果！

目前尚無可在空中作畫的塗料，但虛擬世界可實現夢想

以現代科技而言，在空中作畫的難度很高。不僅沒有可在空中直接上色的塗料，加上空氣本身隨時都在移動，更不容易固定畫作。目前只能做到像在航空展看過的飛行表演，飛機噴出有色氣體，在空中描繪出暫時的圖形。

影像提供／奈良先端科學技術研究所大學加藤博一先生

◀使用「ARToolKit」進行的立體繪本實驗畫面。

ARToolKit 拍攝過程

錄影機
拍下麥克筆的移動軌跡，將資訊送至電腦。
麥克筆
移動麥克筆就能在空中寫字、畫圖或塗鴉。
電腦
利用電腦程式將麥克筆的移動軌跡化成文字、畫作或圖形，顯現在螢幕上。

不過，若是同時利用電腦和錄影機來建構出虛擬世界，就能輕鬆的實現空氣蠟筆。如右頁下圖所示，以麥克筆取代蠟筆，透過錄影機錄下麥克筆所描繪出的文字或圖案，再放入「ARToolKit」程式中進行後製處理，為繪圖時的軌跡上色並製作成影片就可以了。

善用這項技術就能在空無一物的空間中創造出3D物體。目前已有廠商積極研究開發，希望能推出活靈活現的3D角色立體畫作。

持續進化的塗料！是否能在現實世界中實現？

話說回來，現實世界是否真的可能發明出空氣蠟筆？雖然固定空氣有其難度，但塗料本身持續因應用途進化出各種功能性。目前依塗裝對象和耐久性可分成壓克力、聚氨酯、矽變性壓克力、氟等樹脂塗料，市場上若出現塗裝空氣的需求，相信廠商也會積極開發新技術和新材料。

[ARToolKit的影像]

這是「ARToolKit」實驗影像畫面。透過電腦螢幕看起來就像在空氣中寫字一樣。

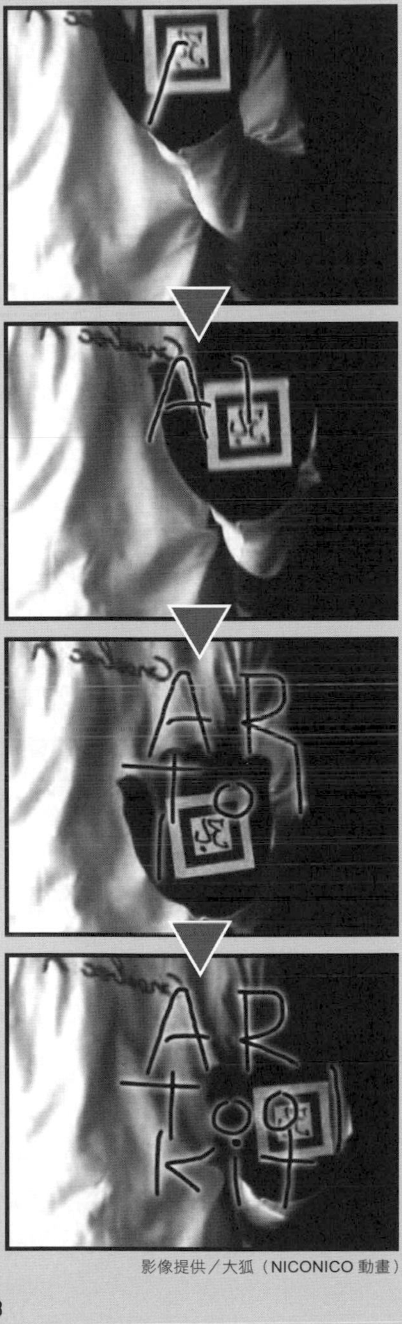

影像提供／大狐（NICONICO 動畫）

可以製作出以人類爲對象的「驚音波驅蟲機」嗎？

驚音波驅蟲機

二十世紀也有類似的東西，
比如說用超音波趕蚊子的機器，
這是依照此原理進一步發展而成的。

▲這款機器的正式名稱是「驚音波發振式老鼠、蟑螂、臭蟲、塵蟎、白蟻驅除機」，在所有祕密道具中是名字最長的。

道具解說

利用音波中殺傷力最強的「驚音波」驅除害蟲和老鼠的機器。若沒有驚音波錄音帶也可以現場演唱。不過，一定要請五音極度不全的人來演唱，才能發揮功效。

▲◀ 由於弄丟了錄音帶，大雄第一個想到的替代方案就是利用胖虎的歌聲。硬把媽媽拉出門後，戴上耳機、做好暖身操並深呼吸……恐怖的胖虎演唱會正式展開！

▲ 戴上耳塞也無法阻絕胖虎驚人的歌聲。大雄和哆啦A夢拚命忍住，不一會兒蟑螂跑出來了，隨後最想驅除的老鼠也發出慘叫，奪門而出。

漫畫出處

《驚音波驅蟲機》等

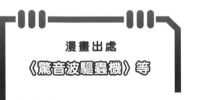

目前已經有利用音波的「驅趕裝置」，而且非常好用！

「聽得見的聲音」與「聽不見的聲音」

聲音是利用空氣振動以波的型態傳送，進入人類耳朵後才會產生「聽見」的知覺反應。不過，並非人類聽得見的聲音才是聲音。對人類而言，聲音分成「聽得見的聲音」與「聽不見的聲音」。

人類「聽得見的聲音範圍」稱為「可聽閾」。各種動物的可聽閾皆不同，許多動物能聽得見人類聽不見的聲音。

舉例來說，大家應該都看過水族館的海豚表演，在表演中訓練員會利用特殊的笛子對海豚發出指令。在水裡的海豚能聽見笛音，但由於笛音的頻率太高，超過人類的可聽閾，因此在一旁看表演的觀眾聽不見。

這就是利用可聽閾的差異，對特定動物傳送訊息的例子。不曉得這個方法，是否也能運用在人類身上？

動物可聽閾的比較

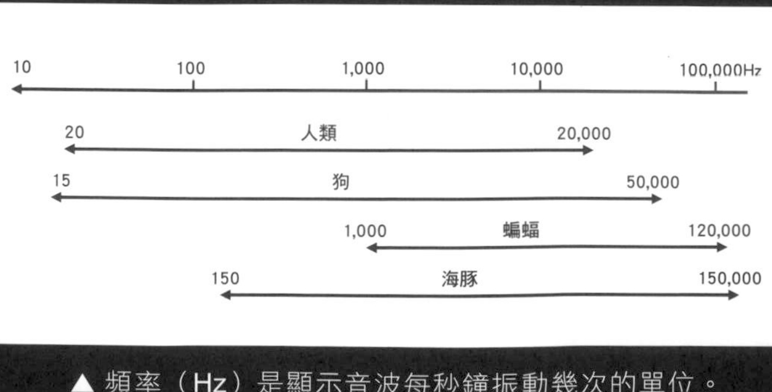
10
100
1,000
10,000
100,000Hz
20
人類
20,000
15
狗
50,000
1,000
蝙蝠
120,000
150
海豚
150,000

▲ 頻率（Hz）是顯示音波每秒鐘振動幾次的單位。

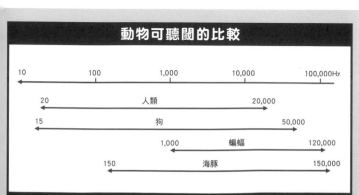

▲大家都很害怕胖虎的歌聲，只有胖虎本人毫無所覺……。

出處／《哆啦A夢》第17卷

人類本能會避開某些聲音！

指甲在黑板上刮的聲音、蚊子在耳邊嗡嗡叫的聲音等，這些聲音都有一個共通點，那就是光想像就令人起一身雞皮疙瘩。這與每個人喜歡吃什麼食物這類個人偏好不同，幾乎所有人都「不想聽」這些聲音。

據說人之所以會對某些聲音感到厭惡，其中的一個理由就是「這個聲音很接近以前的人類遇到危險時所發出的聲音」。有些警報系統就是利用特定聲音提醒人們遠離危險區域或保持警覺。

這就是人類版「驚音波驅蟲機」？

「長距離揚聲裝置」可將聲音傳遞至數公里遠的限定範圍。若播放極大的聲音，就能毫髮無傷的趕走位於目標區的人；相反的，也可以將悅耳的音樂傳送給自己喜歡的特定對象。

此外，國外有人發明出「蚊音器」，這是利用「人類年齡愈大，愈難聽見高頻音」的特性製成的商品。由於高頻音只有年輕人聽得見，如果想要驅趕群聚在公園裡大聲喧鬧的年輕人，「蚊音器」便可以發揮極大的效果。這可以說是人類版「驚音波驅蟲機」，也是利用可聽閾差異對付人類的方法。

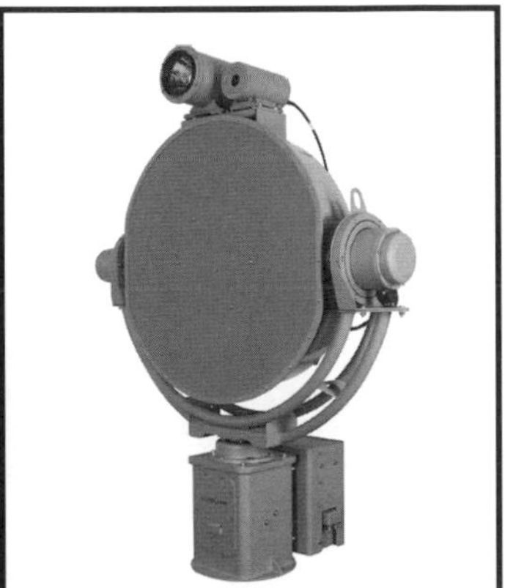

▶這款長距離揚聲裝置可將聲音傳遞到三公里遠的地方。

影像提供／丸紅情報系統

搭乘『時光機』到未來與回到過去，哪一項比較困難？

時光機②

未來

利用暑假到未來旅遊的人，應該只有我一人吧！
這次一定要好好跟大家炫耀一番。

看到出口了。
過了那裡，就是二一二五年的東京了!!

▲▶ 哆啦A夢為了避免發生不可挽回的事情，急忙趕回未來世界。大雄也緊追在後，前往二十二世紀的東京……。

▼ 沒想到出口竟然是意想不到的地方！大雄不小心滑了一跤，還好有未來科技的幫忙，輕鬆著地。

呃!!
哇——出口怎麼會在這麼危險的地方啊!?

※「時光機①」請參閱第102頁。

過去

一○四九年啊……

我拿相機來了。
希望能夠拍到救海龜的那一幕。
沒問題，因為時間和地點都很清楚。

◀▲ 浦島太郎是透過太空旅行來到海底龍宮的？在暑假作業的團體研究中，靜香提出了這樣大膽的假設。眾人為了證實這一點，特地前往大約一千年前的日本平安時代！

快放回海裡去。
真正的浦島太郎！

這個國家的人是海底人還是外星人呢？
不是的，我們以前也全都住在陸地上喔。

◀▲ 浦島太郎本人登場。眾人緊緊跟隨著浦島太郎所乘坐的烏龜潛水艇，來到海底龍宮。龍宮裡住的不是海底人，也不是外星人，而是從很久以前就住在海底，具有高度科學技術的人類！

▼ 出入口不固定或許就是「時光機」的最大缺點吧！

時光機出入口不見了！
那麼我們……
不就回不去了！

漫畫出處

《海底龍宮八日遊》等

根據現在的科學理論，回到過去較爲困難。

插圖／高橋加奈子

阿爾伯特・愛因斯坦

只要超高速移動，時間就會慢慢流逝？

對於二十一世紀的現代人來說，時光機並不存在，無法回到過去，也無法前往未來。單就理論而言，目前尚未發現回到過去的方法，但已經找到前往未來的方式。大家是否聽過相對論？簡而言之，這是物理學家愛因斯坦在二十世紀初期發表的宇宙論。該理論認為高速移動的物體，其內在時間會變慢。以下圖為例，假設有兩個大小相同的火箭，一個是靜止的，

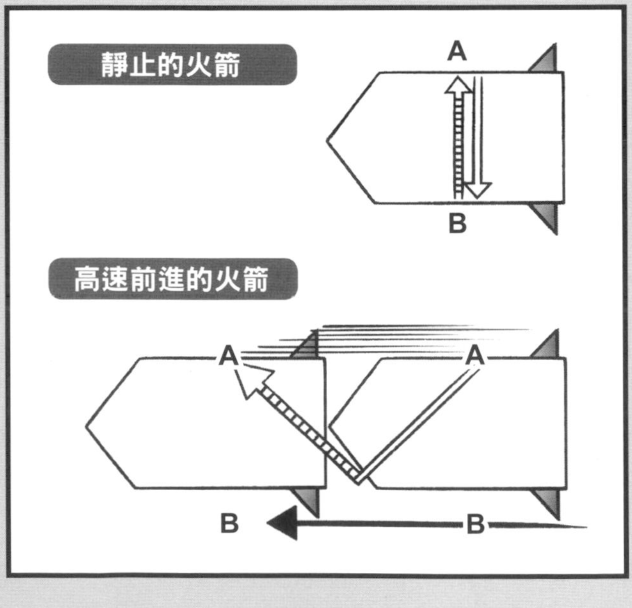

另一個則是高速前進。

此時從A地點傳送光，在B地點的鏡子反射出來，回到A地點，測量完成這段過程的時間。由於火箭大小相同，反射回來的時間應該也會相同。可是若客觀觀察高速前進的火箭，會發現光往返的距離比靜止的火箭還長（若不理解這句話的意思，請仔細研究圖示）。有趣的是，若分別測量光在兩個火箭裡反射的時間，便會發現兩者時間相同。換句話說，在高速移動的火箭裡，時間過得比外面慢。

綜合上述內容，若搭乘高速火箭從事太空旅行，回來之後地球可能是遙遠的未來世界……。由此推估，前往未來或許真能成真！

浦島太郎前往的龍宮可能不在海底而在外太空？

由於目前沒有高速飛往外太空的載人火箭，無法證實這項假設，但這個理論十分具有說服力。科幻小說或動漫作品中經常使用這個設定。

太空旅行者與地球人之間的時間落差被稱為「浦島效應」，也就是引用自這個故事。或許民間故事裡的浦島太郎（如果真的存在）其實是前往名為龍宮的星球旅行，進而發展出一連串的故事。

還有更多 相關祕密道具

「時間跳躍捲盤」

這是轉動捲盤就能跳過某段時間的道具。唯一要注意的是，跳過的時間不能重來，請務必謹慎使用！

※按下

人體是否也能像「蜥蜴液」一樣可以再生還原？

蜥蜴液

「蜥蜴液」。
而這就跟那種情形一樣，塗上後……
シュウ
※咻
啊！

道具解說

蜥蜴的尾巴斷了之後會再長出新尾巴，蜥蜴液的功能就是讓失去的部分重新再長回來。若是斷裂，則必須先切除才能使用。如果運用得宜，就能讓同一項物品變成兩個？

將壞掉的部分切開……

只要切成兩半後，再塗上「蜥蜴液」，全部的東西都會變成兩個。
每次遇到這種事的時候，你就想出好點子呢。

▲◀利用祕密道具將撞爛的車體鋸下來（上）。雖然是很有創意的想法，但實際使用之後的結果會是如何呢（左）？

整體復原液

「整體復原液」。

把液體滴在銅鑼燒上面。
啊~開始冒泡泡了…
ブクブク
※增生　※拍手
就變成完整的銅鑼燒了。
パチパチ
好厲害喔!!

▲◀「整體復原液」的功能也很接近「蜥蜴液」。使用這項道具，就能從缺損部分重生出全新的整體。例如從漫畫撕下其中一頁，在那一頁滴上「整體復原液」就會生出一整本漫畫！

▶使用在出木杉找到的恐龍化石上，想藉此挖掘出整隻恐龍……沒想到恐龍的體積過於龐大，要花很長時間才能復原。

這樣就可以挖到完整的恐龍化石了。
會這麼順利嗎？

漫畫出處

《蜥蜴液》等

未來只要利用iPS細胞，很可能可以讓缺損的人體部位重新長出來。

夢幻的萬能細胞 iPS細胞究竟是什麼？

影像提供／京都大學iPS細胞研究所

京都大學山中伸彌教授

「整體復原液」與「蜥蜴液」具有復原所有物體的功效，直到不久之前，人們一直以為這是遙遠的未來世界才有的科學技術。京都大學的山中伸彌教授所率領的研究團隊，開發出iPS細胞（誘導性多功能幹細胞），從此改變了這個世界，也讓細胞再生成為極可能實現的夢想。話說回來，iPS細胞究竟是

iPS細胞可發揮的功效範例

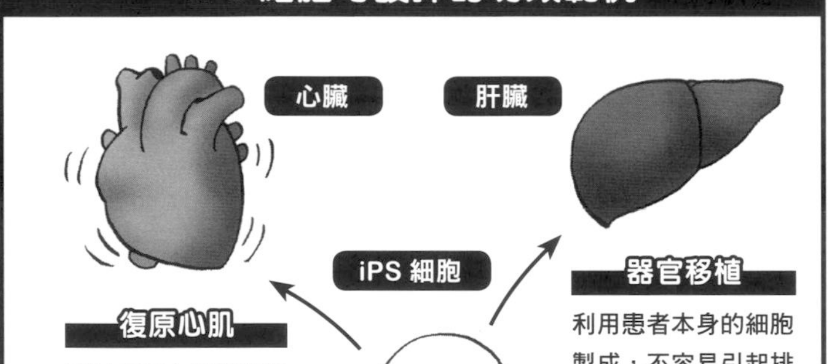

心臟
肝臟
iPS細胞
器官移植
利用患者本身的細胞製成，不容易引起排斥反應。
復原心肌
可以恢復心肌等肌肉組織。
恢復神經
可恢復受損的神經組織。
協助投予藥劑
可利用細胞確認該給患者何種藥物。

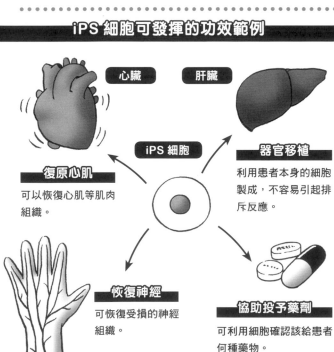

什麼？

所有人的體內都有體性幹細胞，負責製造身體裡的各種細胞。這些細胞會成為人體的哪個部分，則是在出生那一刻就決定好的。不過，iPS細胞是可以製造骨骼、肌肉或臟器等成為身體任何部分的夢幻細胞。若能運用在醫療領域，就能發揮無限可能性，例如幫助等待器官移植的病人，利用自體細胞製造全新的器官，或是重新生長受損的神經等。

【iPS細胞的製作方法】

▲首先從皮膚或血液採集細胞。

▲培養細胞，添加特殊基因。

▲在專用培養基完成細胞培養。

目前還有尚待克服的難關才能真正運用iPS細胞！

想在未來真正運用iPS細胞，必須克服好幾道難關。其一就是iPS細胞很可能轉變成癌細胞，另一道難關則是醫療倫理的問題。

細胞癌化的問題，目前已有幾個對策可以解決，例如在培養細胞時改變添加細胞的種類，或是改良導入基因的方法等等。不過，醫療倫理問題卻是今後應該檢討的課題。iPS細胞就連精子和卵子都能夠製造出來，因此今後可以應用至何種程度，尚待所有的人類一起討論與決定。

▲可利用自己的細胞製造自己的兄弟姊妹，因此急需討論醫療倫理議題。

現在已經有人研發出「變暗燈泡」？這是眞的嗎？

變暗燈泡

只有這個，好像一點用處都沒有。
這是裝上去就會變暗的燈泡吧？

道具解說

變暗燈泡的功能與一般燈泡相反，光線照到的地方會變暗。這款道具看似派不上用場，但遇到午睡或看電影等需要陰暗環境的情況就很好用。

▲一到白天就無心用功的隔壁大哥哥，使用變暗燈泡後衝勁十足！

※販賣夜晚

▲大雄的爸爸買了一顆變暗燈泡方便午睡，後來大雄到外面兜售夜晚，1 小時賣 10 日圓。

▲另外也有用途相同的「夜晚燈」。最適合白天露營的時候使用，即使是一群小孩也無須擔心安全。

▲這種時候最適合昏暗的燈光或天色了。

漫畫出處

《販賣夜晚》

以現代科技而言，變暗燈泡仍難實現。不過，理論上似乎可行……

變暗燈泡的概念❶ 利用波的特性

使用在音響器材上的「消噪耳機」，是一種可消除環境噪音，讓音樂聽得更清楚的耳機產品。這項產品便是利用聲音的「波」的特性製造而成（請參閱第九十九頁）。

光與聲音一樣，也具有波的特性。「光線的干涉實驗」是驗證此一特性最知名的實驗方法——讓光線通過兩個狹縫（細溝）之間，形成水面波紋一樣的波，相互抵銷或融合，照射到螢幕後就會出現如斑馬線般的明暗條紋（請參照下圖）。暗處就是光線互相抵銷的部分，是否能運用這項特質發揮等同於消除噪音的功能，讓特定地方呈現一片昏暗？

「楊格雙狹縫干涉實驗」證實光線具有波的特性

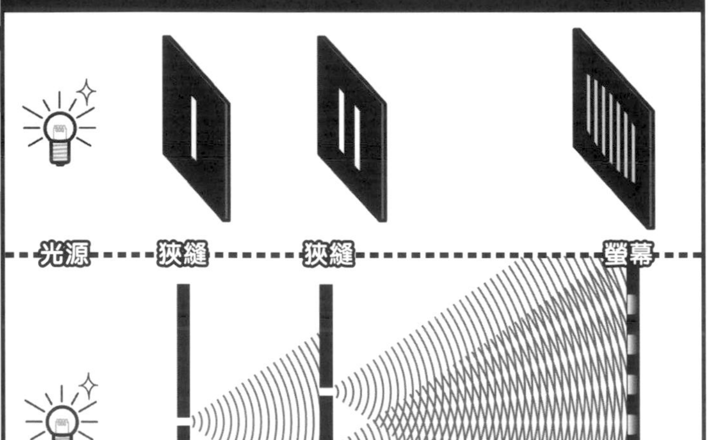

▲相同波長的光一分為二，再相互重疊，就會在螢幕上呈現出條紋圖案。

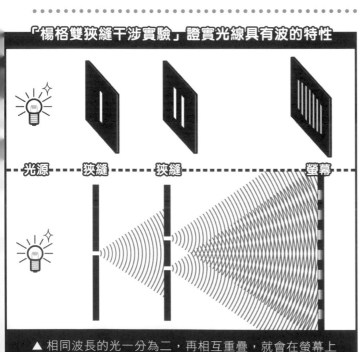

話說回來，即使實驗證實了光具有波的特性，是否能利用特殊燈光消除肉眼看見的光線？這又是另外一回事了。唯有分析光線的科技進一步提升，並找出利用光線抵銷光線的方法，才能踏出發明變暗燈泡的第一步。

變暗燈泡的概念❷ 製造黑洞

又大又重的星球在用完持續釋放幾十億年的能量之後，會因為本身重力的關係急速萎縮，形成「黑洞」。

黑洞會不斷吸入周遭一定範圍內的物體，就連秒速高達三十萬公里左右的光也無法倖免。事實上，人類已經在幾萬光年外的銀河，觀測到黑洞吸收光的現象。

話說回來，黑洞不只發生在遙遠的外太空，只要利用「大型強子對撞機」，也能在地球上製造出超小型黑洞。這項大型實驗裝置只要將陽離子加速到光速，使陽離子互相對撞即可形成黑洞。

成功製造出超小型黑洞後，就能吸收光線並使周遭環境變暗。唯一要注意的是，不只是光，包括人類在內的所有物體都會被吸入黑洞中，千萬要小心！

▲吸收光線的黑洞想像圖。

是否有可以讓所有料理都變美味的調味料？

味素之王

「味素之王」。
不要啦，我就說不吃午飯嘛。
※撒
不行，我忍不住了。

▲◀撒上去的瞬間，美好的味道立刻散發出來，刺激嗅覺。

道具解說

只要撒在食物上，無論多難吃的食物都會變得美味。而且效果很強，即使已經吃飽了，還是能全部吃光光。順帶一提，不只是食物，用在其他物體上也有效！

飄來令人害怕的味道……
※飄出

請問……這是什麼？
絞肉、醃蘿蔔乾、醃海鮮、果醬、小魚乾、大福麻糬……還有其他各種材料。
就叫它胖虎什錦鍋吧！
ドロ～リ

※濃稠

▲◀令人坐立難安的胖虎料理發表會。雖然單看每項食材都能吃，但是……。

如何？是美味、還是好吃啊？
非、非常棒！
真、真的好好吃喔。
看起來一點都不好吃。
我最討厭表面恭維了。

※狼吞虎嚥

▲◀小夫與靜香吃了「胖虎火鍋」後表現出難以下嚥的反應。反觀大雄剛剛才吃完媽媽煮的義大利麵，撒上「味素之王」後立刻吃光光，甚至還要求要再一碗。

▶將大量「味素之王」撒在胖虎身上，胖虎看起來好好吃！就連撒在人身上也有效，效果也好得太驚人了！

漫畫出處

《胖虎火鍋》等

科學家正在研究「美味」的科學數據，或許再過不久就能完成了！

人類的味覺分成五種

我們吃東西會感受到五種味道，分別是「鹹味」、「甜味」、「酸味」、「苦味」和「鮮味」。除了苦味之外，我們會利用食鹽、砂糖、醋等調味料調製出各種味道。順帶一提，製造「鮮味」的調味料就是「味素」。味素的主成分是穀胺酸。這是一種化學物質，富含於昆布和柴魚片等食材之中。

味覺的5大要素

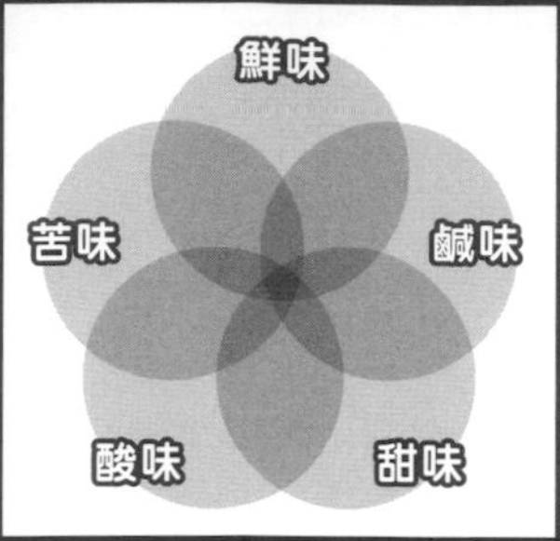

▲這五種味覺組合出食物的味道。

運用樂譜的概念記錄味道

只要按照樂譜演奏，現代人就能如實呈現創作於幾百年前的古典樂。但是味覺卻是另外一回事。

每個人體會到的美味感受各有不同，是否能訂定某種標準來統合每個人的差異，量化並記錄美味的味道？目前有許多科學家投入這項研究，其中之一便是「味覺數值化」。

九州大學研究所都甲潔教授的研究室與智能科技股份有限公司（Intelligence Technology Inc.）共同開發利用感測器感應電子訊號，再透過電腦分析的技術，這項技術目前已經邁入實用階段。

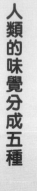

使用「味覺感應器」的辨味裝置

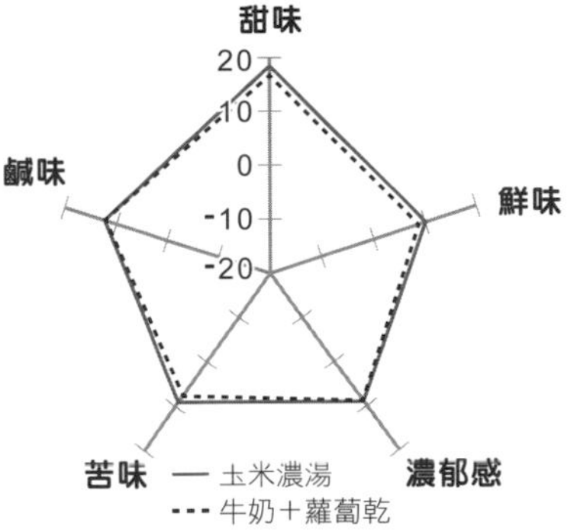
甜味
20
10
0
-10
-20
鹹味
鮮味
苦味
濃郁感
— 玉米濃湯
--- 牛奶＋蘿蔔乾

「牛奶＋蘿蔔乾」＝「玉米濃湯」！

利用味覺反應器驗證，得出極為相似的圖形。這項實驗也證實了「適合搭配的食物」其來有自！

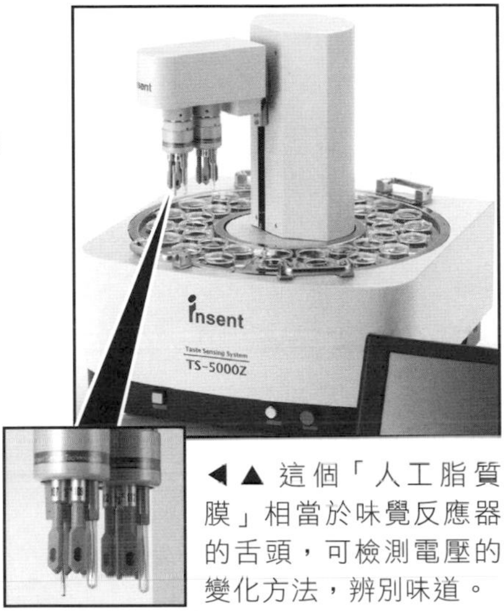
insent
Taste Sensing System
TS-5000Z

◀▲ 這個「人工脂質膜」相當於味覺反應器的舌頭，可檢測電壓的變化方法，辨別味道。

影像提供／智能科技股份有限公司圖表出處／都甲潔《調製食譜》（飛鳥新社）

美味究竟是一種什麼樣的感覺？

人類並不是光靠味覺感受食物的「好吃」或「不好吃」，「嗅覺」也是重要的感官之一。大家應該都有過聞到餐廳飄出來的香味而感到「肚子餓」的經驗吧？這就是嗅覺的功效。

質感特性範例

力學特性	硬度
	黏度
	彈性
	黏著性
幾何學特性	顆粒大小與形狀
表面特性	水分含量
	脂肪含量

▲ 在品嘗食物時，會同時感受到上述的質感特性。

此外，透過食物的口感、咬勁以及舌頭的觸覺等方法所感受到的「食物質感」，也是判斷食物好吃與否的重要因素。

目前也有科學家正在研究結合味覺、嗅覺與質感的方法，一旦有了具體結果，讓胖虎火鍋一秒變好吃再也不是夢想！

現代科技是否能做出「平衡溜冰鞋」？

平衡溜冰鞋

道具解說

由於平衡溜冰鞋能隨時保持平衡，因此絕對不會打滑跌倒。就算有人突然從後面推一把，鞋子也會自動轉向安全的地方。

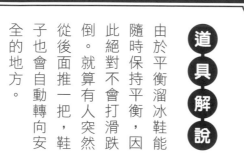

※咻

◀▼使用「交通規則碼表」就能讓馬路成為大家專屬的地方!多虧有「平衡溜冰鞋」,讓大家可以全心投入打排球,完全不會跌倒。

任意溜冰鞋

▲這款道具的功能比「平衡溜冰鞋」還先進,可隨興在牆壁或天花板奔跑,而且可以自動避開危險,即使閉上眼睛也不會撞到。

漫畫出處

《交通規則馬表》等

雖然無法因應快速且繁複的動作，但穩定行走的技術很快就能實現！

人類如何保持身體平衡？

人體會以垂直軸心為基準，隨時配合重力方向調整，使身體軸心和重力維持一致性。當姿勢出現偏移傾斜，身體就會往穩定的方向回正。

這就是「保持平衡」的動作，依照平衡感覺器官發出的訊號執行。平衡感覺器官是指位於耳朵內側、主控旋轉平衡的「三半規管」，以及位於前庭、感覺身體傾斜的「平衡斑」。「三半規管」是由三個充滿淋巴液的環狀管組成，利用根部的膨脹部位感受身體旋轉時淋巴液的流動狀況。當人突然劇烈旋轉後，環狀管內的淋巴液仍在持續流動，就會導致眼冒金星、暈頭轉向的現象。另一方面，當

[三半規管]

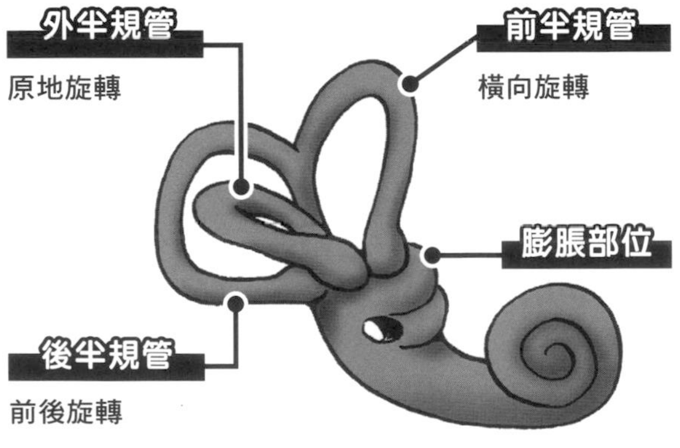
外半規管
原地旋轉
前半規管
橫向旋轉
膨脹部位
後半規管
前後旋轉

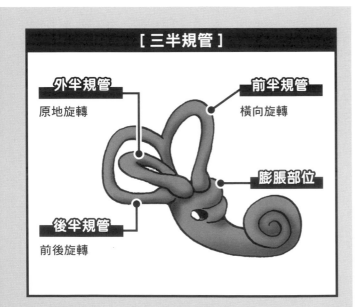

耳朵裡如小沙粒般的耳石，牽動連結感覺細胞的細毛，前庭的「平衡斑」便會感受到身體的傾斜狀態。

順道一提，由於貓咪的平衡感覺器官相當的發達，所以即使從高處往下跳也可以平穩著地而不會受傷。

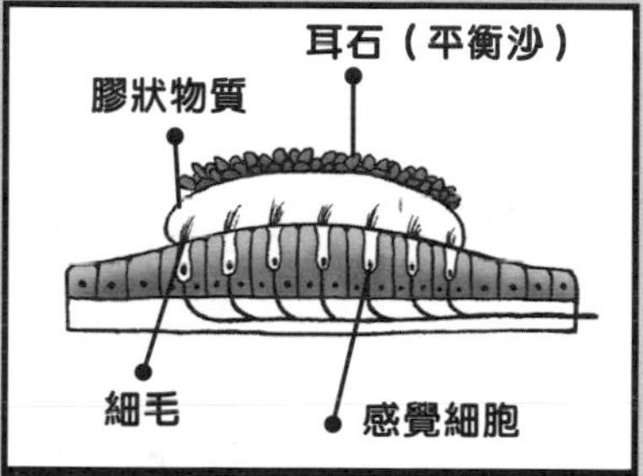

［平衡斑］

守護高齡族群的平衡機器人技術！

目前已經有企業開發出平衡感比人類更敏銳的機器人，其中最具代表性的就是日本村田製作所研發的騎自行車的機器人「村田頑童」，以及騎獨輪車的機器人「村田婉童」。

無論是機器人還是動物，保持平衡的基本原則都是「感覺身體平衡並恢復正確姿勢」。機器人的平衡感覺器官是電子零件「陀螺儀感測器」，其作用機制就像旋轉中的陀螺。旋轉中的物體開始傾斜時，會產生另一個力道維持原有姿勢，此時便是由陀螺儀感測器從身體的傾斜角度計算所需力道。除了旋轉類型之外，陀螺儀感測器還有各種類型。其中，振動式陀螺儀感測器的運用範圍十分廣泛，包括控制太空梭的角度、以及數位相機裡的防手震功能，都是最典型的例子。「村田頑童」和「村田婉童」就是利用振動式陀螺儀感測器感應傾斜角度，利用內在圓盤的旋轉力小幅度左右轉動車輪，保持前後（此功能僅限「村田婉童」）平衡。

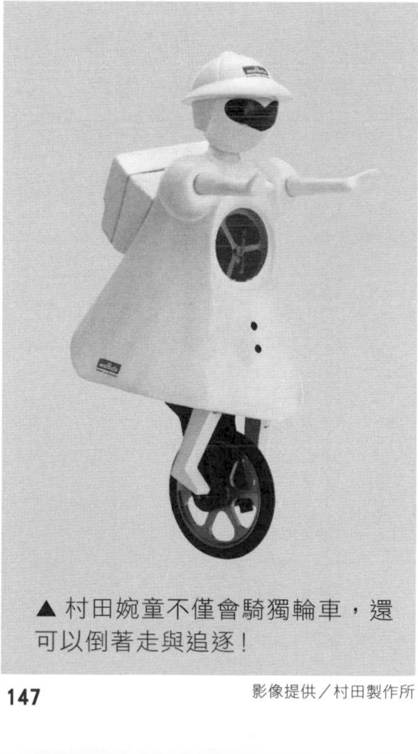

▲村田婉童不僅會騎獨輪車，還可以倒著走與追逐！

影像提供／村田製作所

「追蹤徽章」已邁入實用化？

追蹤徽章

バラ
バラ
※掉落
喔？
可以嗎？好像很貴耶。
你們收下就是了。
哇啊！賺到了。
謝謝。

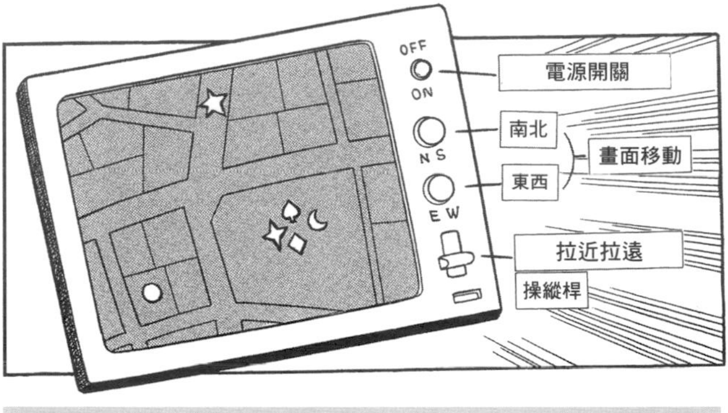

OFF
ON
電源開關
南北
N S
東西
E W
畫面移動
拉近拉遠
操縱桿

道具解說

可從徽章發送的電波找到配戴者的所在位置，在「雷達地圖」上會以佩戴者的徽章圖案顯示。不過，這項道具無法得知配戴者的垂直位置，例如目前位於公寓的哪一層樓。

只要知道誰拿了什麼徽章，
就可以知道他的行蹤！

◀▼使用者必須記住給哪個人使用哪種圖案的「追蹤徽章」。從「雷達地圖」中可以得知，配戴黑桃造型徽章的胖虎，正在追趕配戴十字造型徽章的山田。

空地上有四個人在聊天。
啊……大家開始亂動了！
哈哈哈，原來是在打架。
有三個人逃跑了。
胖虎第一個先追山田。

※重疊！

胖虎呢？
？

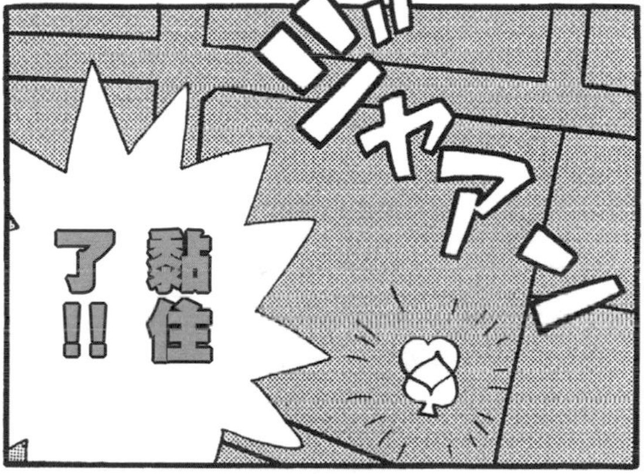
ジャアーン
黏住了!!

▲▶靜香竟然與胖虎有親密舉動？原來是胖虎躲在靜香坐著的水泥管下方，才會出現重疊的影像。

難道是集體自殺？

▶真相是大家將所有的徽章收集起來，並吊在釣竿上，並且放入池塘裡了。

五個人都跳進公園的水池了！

漫畫出處

《追蹤徽章》等

三十顆繞行地球的GPS衛星，隨時監控人類的所在位置。

智慧型手機就是現代版「追蹤徽章」？

汽車導航系統、行動電話、智慧型手機搭載的GPS（全球衛星定位系統）就是功能近似追蹤徽章的現代科技，而且目前已深入每個人的生活之中。搭載GPS功能的機器讓我們無論身處地球上的任何角落，都能精準掌握自己的所在位置。關鍵就是位於地球上空兩萬公里處，約十二小時繞行一周的GPS衛星。

請先參照左頁上方以二次元空間解說GPS作用機制的圖示，簡單說明整個過程。圖1的A、B就是位於地球上空的GPS衛星，G是拿著接收器，位於地球表面的你。只要掌握每個GPS衛星目前的位置，測量GPS衛星與你之間的距離（AG和BG），就能鎖定G的位置。

GPS衛星和接收器的計算方法

GPS衛星會持續發出包括「衛星現在位置」、「電波發送時的正確時刻」等資訊的電波，測量電波傳送到接收器的時間，再乘上電波速度（與光速相同，約為秒速三十萬公里），即可求出GPS衛星與接收器之間的距離。以數學問題來比喻，就像是以兩個GPS衛星形成的AB連線為底邊，計算出三角形的頂點G。不妨試著畫在紙上，只要知道AB兩點之間的長度，就能利用圓規找到G的位置。

GPS(全球衛星定位系統)的定位原理

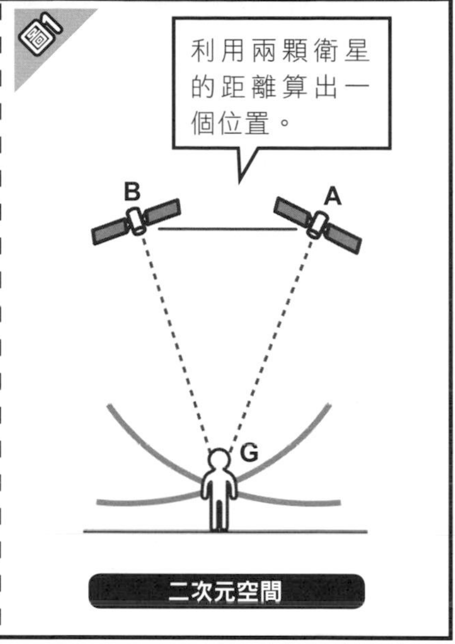
圖1
利用兩顆衛星的距離算出一個位置。
B
A
G
二次元空間

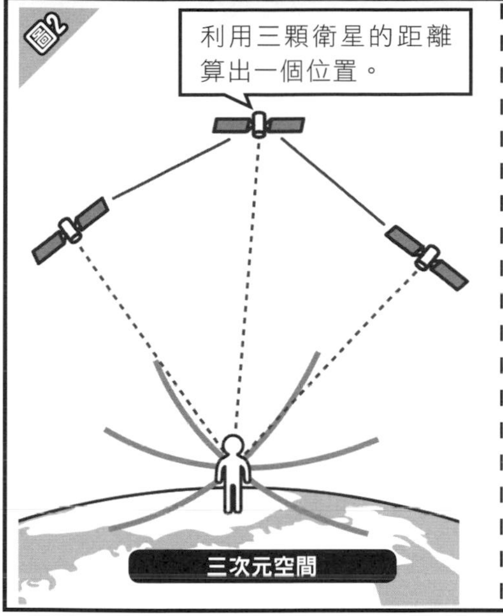
圖2
利用三顆衛星的距離算出一個位置。
三次元空間

利用四顆衛星鎖定位置

我們居住的三次元空間，需要三顆GPS衛星（比二次元多一顆）以鎖定位置。只要求出每個GPS衛星到接收器的距離，就能鎖定現在的位置（圖2）。

在實際使用的定位系統中，GPS衛星與接收器內建的時鐘需要隨時更新同步，因此還需要一顆衛星協助完成。換句話說，地球上空需要同時存在四顆衛星，才能取得現在位置。

正因為無論我們在任何地方都至少需要接收四顆衛星的電波，所以地球上空總共有三十顆左右的GPS衛星完整覆蓋，充分發揮定位功能。

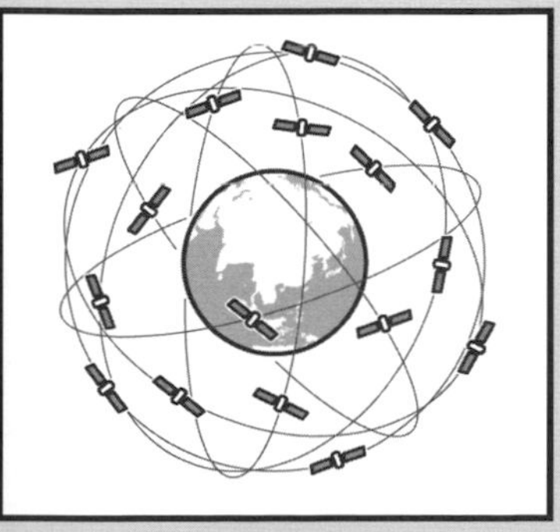

▶環繞地球軌道的GPS衛星示意圖。

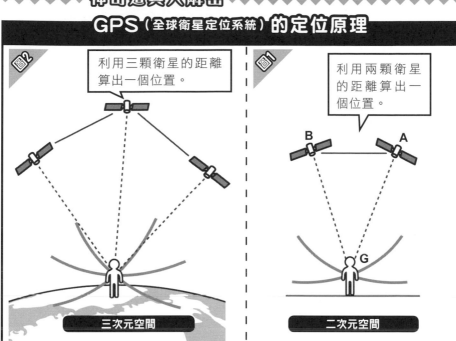

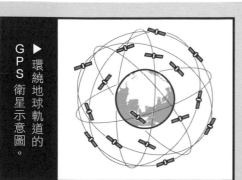

「四次元口袋」的四次元指的是什麼？

四次元口袋

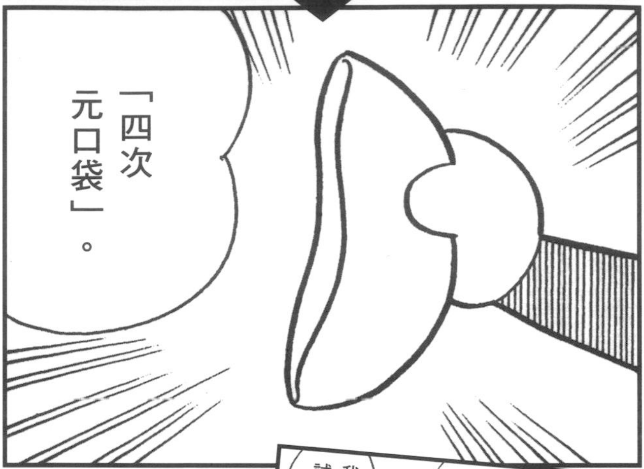
「四次元口袋」。

裡面是另一個空間，不管多少東西都可以放進去！
我來試試看！
太厲害了！
連書桌都可以放進去！

◀▲ 無論體積多大的物品都可輕鬆收納，大雄一下子就將房間整理得乾乾淨淨。

道具解說

四次元口袋是一個裝滿各種道具的口袋。哆啦A夢每次都從放在肚子上的「四次元口袋」中拿出祕密道具。搭配袋內空間共用的「備用四次元口袋」，使用起來更加方便。

這樣我很困擾耶，不可以隨便進去！
少囉唆！

如果你拒絕，牠會咬你喔！
嗚！

給我帶回去！

是誰？竟然把垃圾丟進來！
不要在我的口袋裡亂來啊！
ニャー
ニャー
ワンワン

◀▲ 四次元口袋裡除了無生物之外，也有生物。不過，若裡面放了太多東西，反而會增加困擾。

※喵～ ※汪汪

你在晒什麼東西啊？

▲ 哆啦A夢將四次元口袋拆下來放入洗衣機清洗，洗完還晾乾。

有了！在四次元倉庫的角落。

▶ 四次元口袋裡面竟然是個大型倉庫！口袋裡面放了那麼多的道具，如果沒有好好整理，一定會亂七八糟。

備用四次元口袋

不過我還是要做。

「備用四次元口袋」。

▲「備用四次元口袋」的內部空間與哆啦A夢的「四次元口袋」相通，平時就藏在哆啦A夢睡覺的壁櫥棉被裡。不過，這個祕密早就被大雄發現了。

漫畫出處

《四次元口袋》等

雖然知道四次元空間的存在，但現代科技還無法讓人進入那個世界。

順帶一提，哆啦A夢的四次元口袋屬於高次元空間，本書將其視為四次元空間。

人類生存在三次元空間裡。四次元又是什麼樣的空間？

「四次元口袋」裡的四次元空間究竟是個什麼樣的世界？次元這個名詞原本就很難理解。請大家想像一張紙，並在紙上畫一條線。這條線是一次元；紙張、書桌上的平面空間為二次元；加上高度就變成立體空間，也就是我們生活的三次元世界。問題來了，三次元要加上什麼才能成為四次元？事實上這個問題的答案很難解。理論上三次元以上的高次元世界確實存在，但無法證實，所以眾說紛紜。有人認為四次元是三次元世界裡的人類無法理解的未知空間，也有人說三次元加上時間就是四次元……。

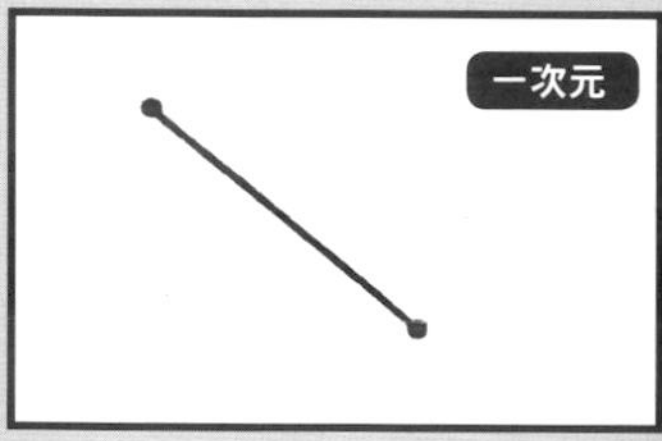

◀在一次元世界裡，一條細線就是這個世界的一切。

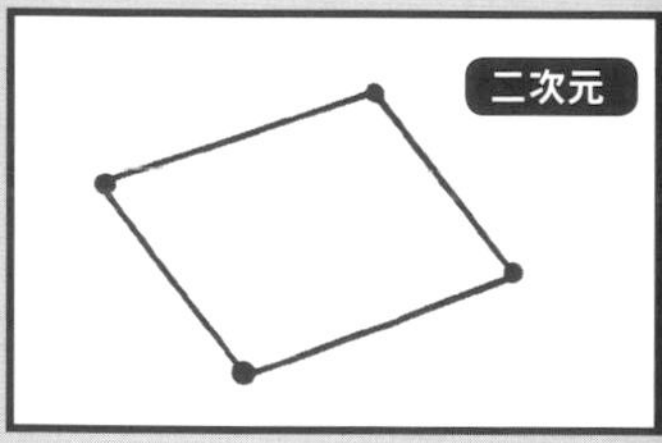

◀二次元是平面世界。往兩旁擴展，不過沒有高度。

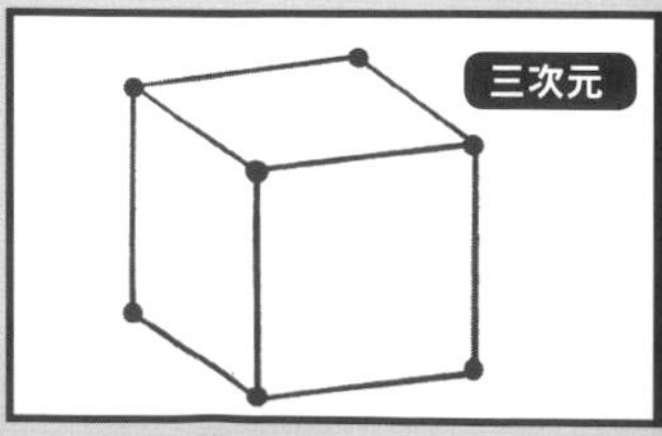

◀我們居住的三次元世界是一個立體空間。

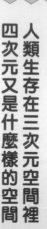

理論上四次元確實存在！期待二十二世紀解開謎題！

如果平面（二次元）世界有生物存在，由於平面世界沒有立體空間，因此在那裡生活的生物絕對無法看到人類居住的三次元世界。同理可證，位於三次元世界的人類也看不見四次元世界。不過，從一些蛛絲馬跡可以窺視那是一個什麼樣的世界。根據研究學者的見解，以最少的線與面可組成的最小圖形，可推論出每個次元的形狀。舉例來說，平面的二次元世界是三角形；三次元是四面體；依此類推，四次元世界最小的圖形就是由五個四面體構成的五胞體。

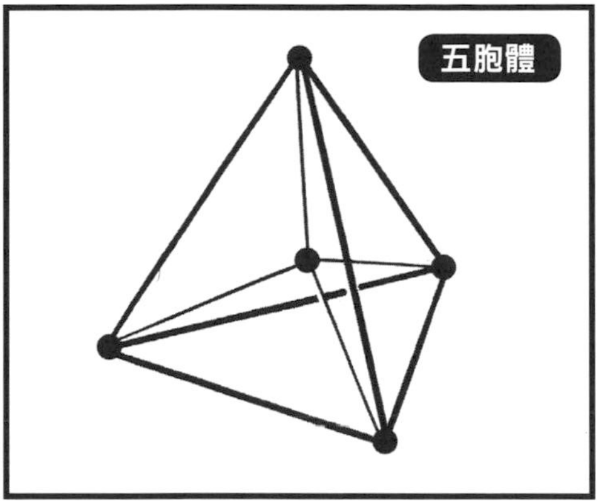

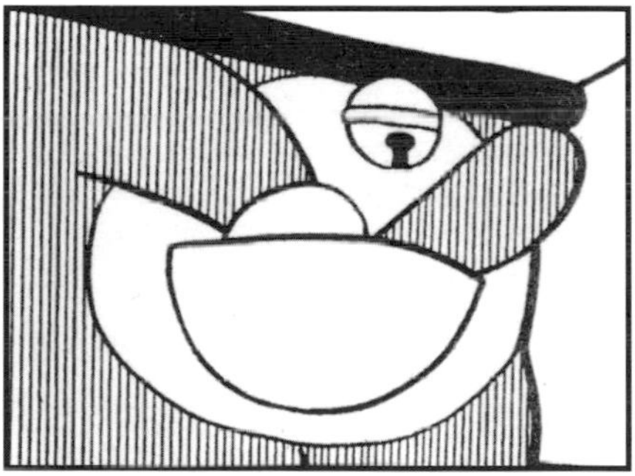

證實四次元的存在不僅非常困難，現階段也無法驗證，因此不妨參閱上圖，盡可能想像即可。

總而言之，理論上四次元確實存在（亦有學說認為，宇宙是十次元加上時間所建構而成），不過現階段仍然是無法釐清的世界。

還有更多 相關祕密道具

「四次元新手標誌」

開車時裝上這個標誌，就算撞到障礙物也會穿透過去。這是最適合開車技術差的人使用的祕密道具。

※ 穿越

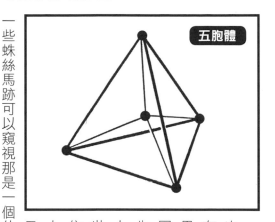

哆啦A夢老是與大雄吵架或放任大雄不管，身爲機器人，可以這麼做嗎？

後果

所以我就說借給你一定沒好事嘛!!

我們和平相處吧。

◀▲哆啦A夢與大雄發生激烈的爭吵！起因於大雄不小心使用祕密道具，讓兩人最愛看的電視節目有了完美的結局並且播映完畢。

前因

再怎麼好的道具給你亂用，也一定不會有好事。
你未免也說得太過分了吧!!
平息醜陋的爭端讓世界充滿和平也有錯嗎!?

但是……
我還是有不好的預感!!

▲▶事實上，哆啦A夢早就預料到會發生上圖的吵架事件。雖然很了解哆啦A夢擔心大雄的心情，但態度不妨稍微溫和一點……。

我饒不了你!!
你給我記住!!

◀▲ 大雄每次都亂用重要的祕密道具，惹得哆啦A夢暴怒！後來哆啦A夢懸賞緝拿大雄，發動所有鄰居激烈追捕。

「點紙成金筆」。
只要在紙上寫下金額，那張紙就會變成錢。
※奸笑
要好好給他點教訓。

▲▶ 這項道具的正式名稱是「打工費預支鉛筆」。只要在紙上寫下金額，那張紙就會變成同等金額的錢，但事後必須打工償還。大雄在不知道這個條件的狀況下胡亂用錢，結果自作自受。哆啦A夢為什麼要這樣故意陷害大雄呢？

為了以防萬一我要先問清楚。
我不會因為用這支筆而儲蓄變少或東西消失吧。
不會。

下頁起將刊載與這一題有關的漫畫！

漫畫結束後還有問題的答案喔！

漫畫出處

《和平天線》等

垂頭喪氣的哆啦A夢

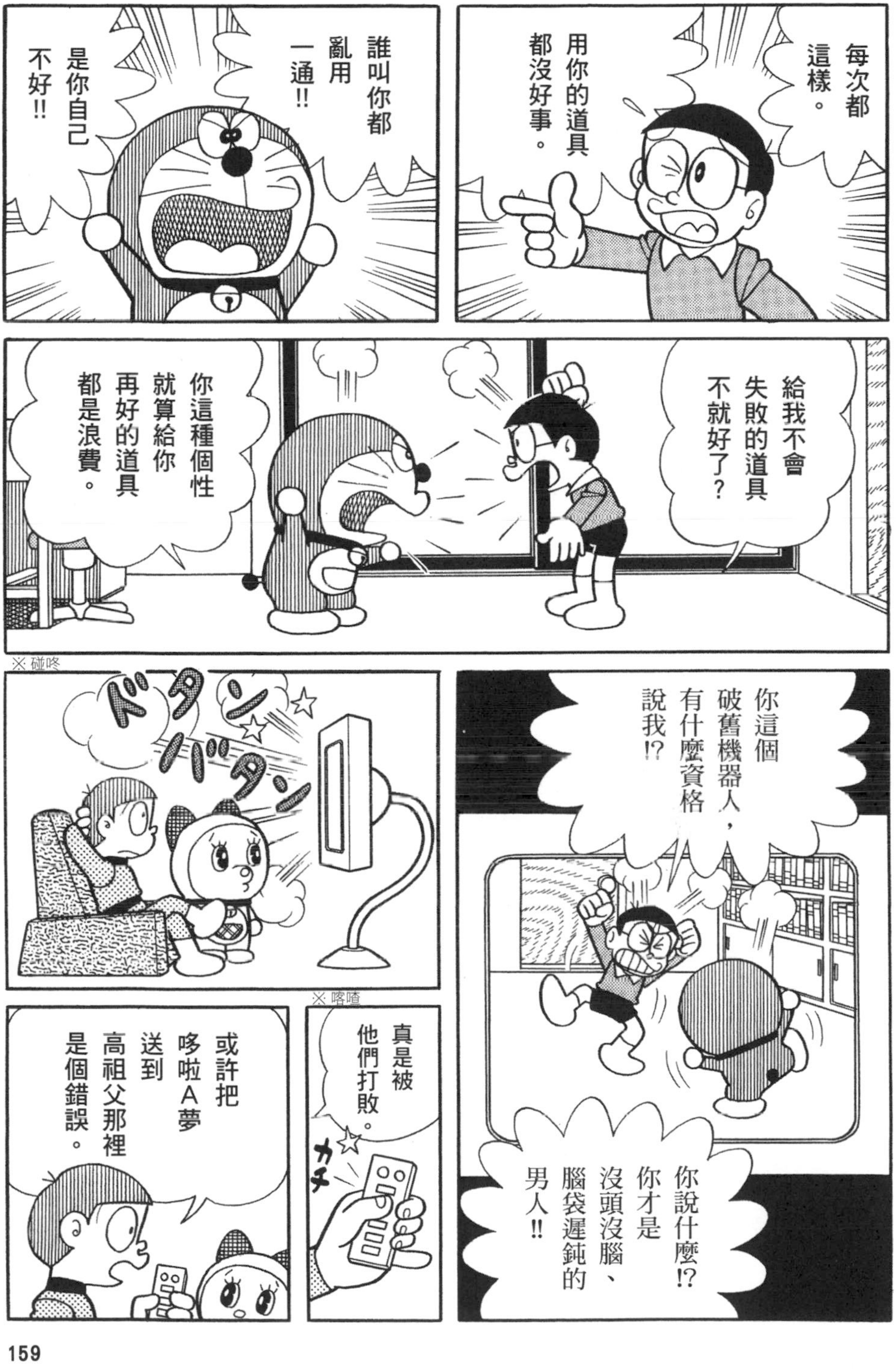

每次都這樣。
用你的道具都沒好事。
誰叫你都亂用一通!!
是你自己不好!!
給我不會失敗的道具不就好了?
你這種個性就算給你再好的道具都是浪費。
你這個破舊機器人，有什麼資格說我!?
你說什麼!?你才是沒頭沒腦、腦袋遲鈍的男人!!
ドタンバタン
※碰咚
真是被他們打敗。
カチ
※喀嗒
或許把哆啦A夢送到高祖父那裡是個錯誤。

派他去是為了讓高祖父能夠振作一點。
可是看來不太順利的樣子。
哥哥他已經很努力了。
我知道，可是……
哆啦A夢本身就不是非常完美的機器人。
哆啦美，妳暫時跟他交換一下怎麼樣？
如果沒問題，我就讓哆啦A夢回來……
ムシャムシャパクパク
モリモリバリバリ
你們究竟是怎麼了？
※快速的吃
※大口咀嚼

我吃飽了!!
哆啦美!!
好久不見。
留下來好好玩，別急著走。
謝謝。
是我多心了嗎？哥哥好像瘦了兩、三釐米？
說不定真的瘦了，因為太辛苦了。
照顧大雄真的是一件很累人的事。
老是給我添麻煩。
說、說那什麼話嘛!?
自己沒用還敢說我。
煩死了，我想回去未來世界。
果然…
天亮了。

大雄，起床囉！
上學遲到了。
呼……好開心~呼……
好像正在做很開心的夢。
「窺夢眼鏡」。
雖然很可憐，但是……
「夢境控制器」。
嗶嗶嗶ooo
スック

※跌倒

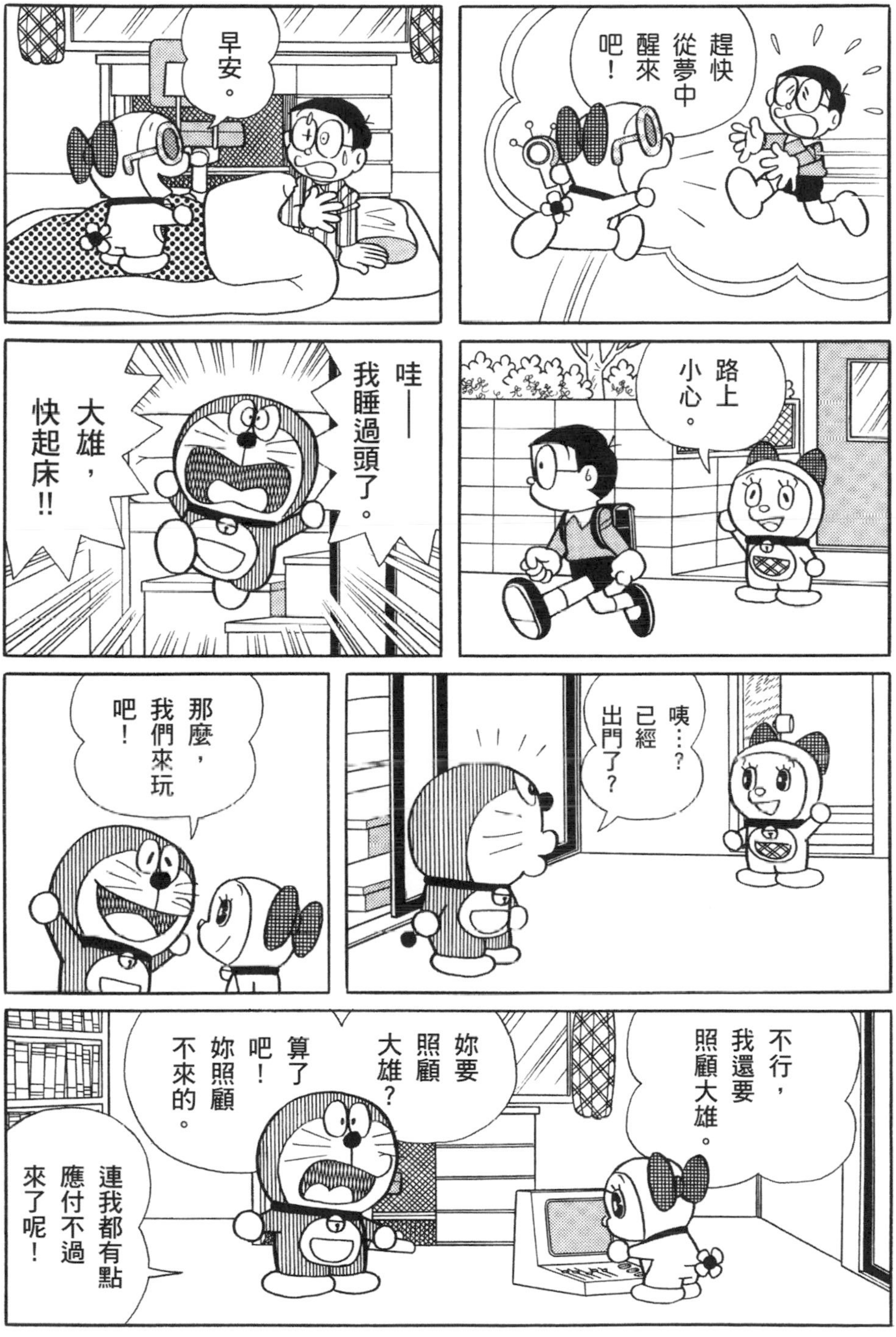
趕快從夢中醒來吧！
早安。
路上小心。
哇——我睡過頭了。大雄，快起床!!
咦…？已經出門了？
那麼，我們來玩吧！
不行，我還要照顧大雄。
妳要照顧大雄？算了吧！妳照顧不來的。
連我都有點應付不過來了呢！

啊……在上課時打瞌睡。
妳看吧！
再用一次「夢境控制器」。
大雄我喜歡妳。
真的嗎!?
可是，如果你不打瞌睡，好好努力用功，我會更喜歡你。
真、真、真的嗎!?
我會加油的!!
嗯……
做得不錯嘛。
咦!?
到底是誰……
幫我打掃、洗衣服的？

是哆啦美嗎？
謝謝妳。
我最喜歡打掃、洗衣服了……
有哆啦美在家，媽媽我就輕鬆多了。
還是老樣子。
要用「隱身斗篷」在後面推他一把嗎？
還是幫他裝上「放屁火箭」……
不行，要靠他自己的力量。
用不著妳管。
今天一整天由我照顧大雄。
如果順利的話……

跟我交換!?
世修居然說那麼過分的話!?
可是哥哥你不是也覺得很煩嗎?
是沒錯……
我快要不行了。
還是放棄吧。
スポ
※戴上
讓他戴上「自信安全帽」。
剩大雄還有三圈。
烏龜，你好。
所有壞話……
大雄會聽成這樣…
大雄好棒。
努力到最後一刻。
看我的!!
喔!今天跑完全程了。
大雄你表現得不錯。

我回來了~~
今天被老師誇獎了三次喔。
哇啊~真是難得。
來睡午覺吧!
先寫作業比較…
要你管!
※起身
鼾~
ピョコ
啊~~睡得好飽。
我事先換了「瞬間午睡枕」。
有沒有什麼好玩的道具?
有啊。
咦……在書包裡面?

嘻……有好多有趣的問題喔。
有趣的問題集
有趣的問題集
全部解開了。
有趣的問題集
恢復原狀。
咦？我剛剛寫的是作業？
數學
野比大雄
照射「有趣問題光線」後，讀書也可以變得很快樂。
我一個人把全部的作業做完了!?
真不敢置信!!
雖然大部分都是錯的…
國語
野比大雄
數學
野比大雄
用「加速發條」痛快的去玩一場吧！
ドダ
我出去了!!
ドダ

※ 噠噠

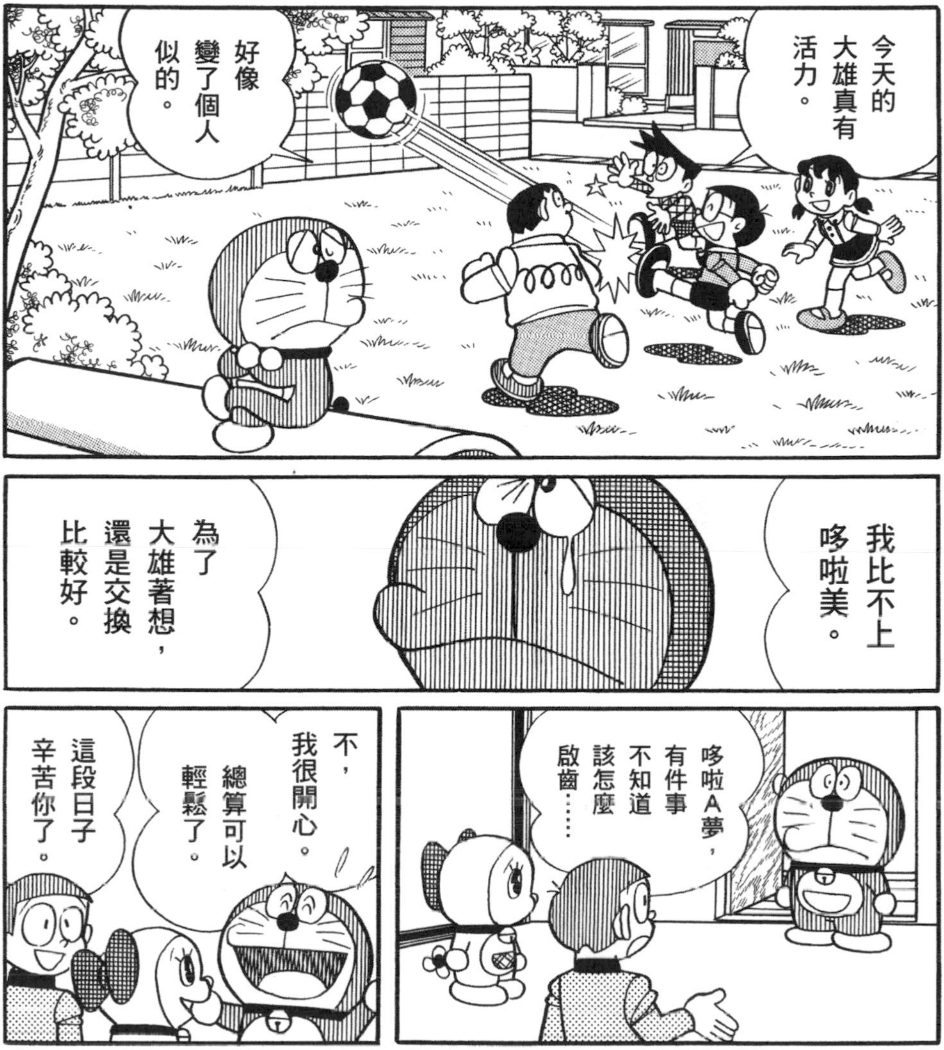
今天的大雄真有活力。
好像變了個人似的。
我比不上哆啦美。
為了大雄著想，還是交換比較好。
哆啦A夢，有件事不知道該怎麼啟齒……
不，我很開心。
總算可以輕鬆了。
這段日子辛苦你了。
啊，世修。
哆啦美好厲害喔！
什麼……
哆啦A夢要回去了!?

我不要!!
我絕對不讓你走!!
可是…可是我的道具，每次都害你遭殃……
是我不對！都怪我自己亂用……
從今天起我都聽你的。不睡午覺！準時寫作業！求求你別走！
再觀察一陣子吧。
雖然老是吵架，不過感情比誰都好。

基於人類的安全考量，有時候機器人可以不聽從人類命令。

無論是工廠或外太空，機器人最重視的就是安全！

許多機器人在汽車或電子用品的製造工廠中取代了人類，從事拿取或搬運物品等工作，對於這些「產業用機器人」而言，它們最重視的就是「安全」。由於機器人的力量是人類的好幾倍，若發生意外就會造成難以想像的危險。日本就在「勞動安全衛生規則」法令中，嚴格規定企業採用產業用機器人前，必須實施特定的教育訓練，還要訂定發生異常時的安全對策等。

除了工廠之外，機器人的應用範圍也越來越廣泛。例如救災、深海探勘，甚至是外太空探測等領域，經常可見機器人的身影。這些在各種危險場所協助救災、調查以及維護安全等工作的機器人被稱為「極限作業機器人」，也是同樣都被制定了周延的安全對策！既然如此，為什麼同樣身為機器人的哆啦A夢每次都還要跟大雄吵得天翻地覆呢？

影像提供／JAXA,NASA

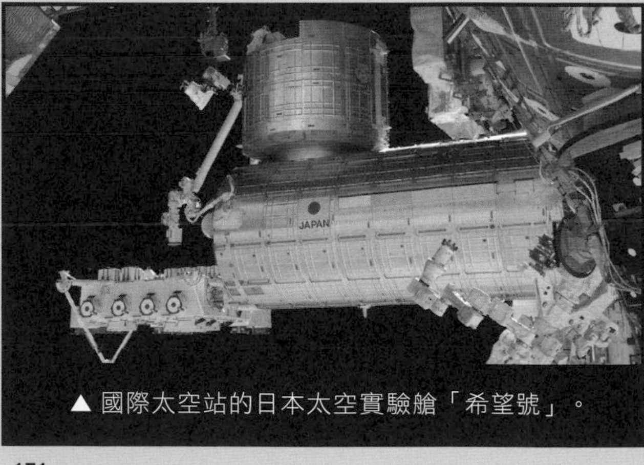

▲國際太空站的日本太空實驗艙「希望號」。

可自主思考並採取行動的智慧型機器人！

語音智能助手

請問我能幫你什麼忙？
請告訴我附近的咖啡館！
這附近總共有十間咖啡館。
謝謝！

在前一頁介紹的機器人只能做事先訓練好的事情，無法完成設定用途以外的工作。不過，哆啦A夢使用的是名為「人工智慧（AI，Artificial Inteligence）」的智能電腦，可以自主思考並採取行動。目前人類正積極研發人工智慧，裝載在智慧型手機的「語音智能助手」，也是採用人工智慧的先進功能。使用者只要透過語音方式提出問題，智能助手就會立刻解決。此外，搭載人工智慧的超級電腦也曾經擊敗西洋棋世界冠軍。話說回來，以上都是極為特殊的情形，應用於現實生活時必須考量許多細節，光是將物品搬到隔壁房間，也要預防小到門片故障，大到發生火災、停電等無法預料的意外事故。有些人類智慧可以輕鬆解決的問題，對人工智慧來說就像登天一樣難。雙腳站立的人形機器人「ASIMO」隨著時間不斷進化，可配合周遭人類的行為採取行動，發展出「自律型」智能。從這一點即可得知，未來人工智慧一定能蓬勃發展。姑且不論現在，相信二十二世紀一定會研發出可深入思考與行動、聰明到足以與大雄吵架的哆啦A夢。

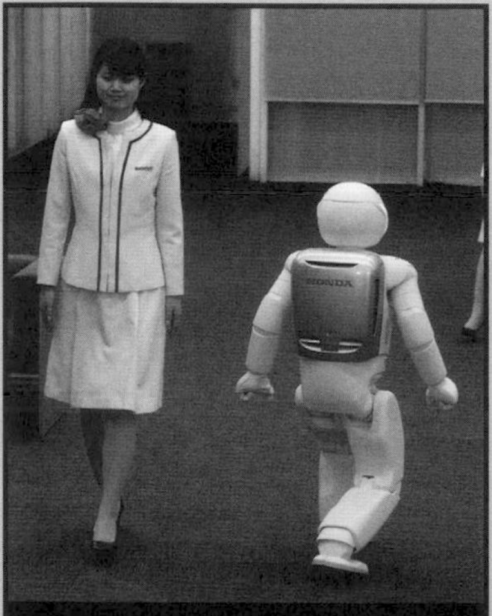

▲HONDA的ASIMO已經進化成具備自行判斷功能的「自律型機器人」。前進時可預測人類的步行方向，避免撞到別人。

影像提供／HONDA

特別專欄

機器人是敵人還是朋友？～機器人發展史～

「機器人」這個詞彙是在一九二〇年由捷克作家發明出來的。最初的意思是「勞動」。不過，早在此之前，民間流傳的故事裡就已經有機器人的存在。最早可回溯至西元前出現的人偶「魔像」，以及十九世紀最有名的恐怖電影《科學怪人》。這些西方機器人的共同點就是會對人類造成「威脅」。我猜想科幻作家以撒・艾西莫夫（Isaac Asimov）就是為了避免恐怖的機器人成為人類的「敵人」，才設定了「機器人三定律」（請參閱下表）。此定律也影響了現代機器人工學的發展方針。

話說回來，為什麼日本與西方國家不同，無論是創作的故事或是在現實的生活中，都對機器人十分友善？日本自古以來都一直認為天下萬物皆有靈魂，此根深蒂固的「泛靈論」觀念正是原因所在。

日本人從江戶時代就很熱愛機關人偶，以及日本傳統藝能之一的人偶劇「文樂」，原因也是如此。日本創造出的正義機器人「原子小金剛」與友情機器人「哆啦A夢」的背後，存在著如此有趣的歷史。

[機器人三定律]

第 ① 定律：

機器人不得傷害人類，或因不作為而使人類受到傷害。

第 ② 定律：

除非違背第一定律，機器人必須服從人類的命令。

第 ③ 定律：

在不違背第一及第二定律下，機器人必須保護自己。

我們可以像『傳聲大砲』一樣傳遞聲音，讓遠處的人聽見嗎？

傳聲大砲

▶對著麥克風尋找想傳聲的人，道具就會將對方找出來並顯示在螢幕上。

道具解說

無論對方在多遠的地方，「傳聲大砲」都能找出來，傳遞自己之前透過麥克風錄下來的話。唯一要注意的是，若是一直開著開關，聲音就會到處亂轟。

◀▼ 找到想傳送消息的對象後，按下開關錄製訊息。接著大砲就會將聲音製成空氣砲，發射出去。

▲▶ 聲音飛到目標位置後，就會「砰」的一聲爆開來，接著發出訊息。傳送者可以透過螢幕確認訊息是否送到。

▶ 若開關處於打開狀態，在道具旁說過的話就會不受控制的一直發射出去！

漫畫出處

《用大砲傳遞祕密》等

海豚與鯨魚透過音波與幾千公里遠的同伴溝通。

使用超音波就能與遠方的同伴通訊

在哆啦A夢的祕密道具中，傳聲大砲可說是充滿漫畫風格的便利工具。雖然目前並沒有人嘗試研發傳聲大砲，但已經有其他不透過電波傳遞聲音至遠方的方法。

人類可以聽見的聲音稱為「可聽音」，亦即頻率介於二十赫茲到二萬赫茲之間的聲音。可聽音會往四面八方擴散，很快就消失無蹤。此

▶不知道聰明的海豚利用超音波和同伴說些什麼？

攝影／木內博

可聽音與超音波傳遞方式的不同

▲往四面八方消散。碰到障礙物就會繞過去再往前走。

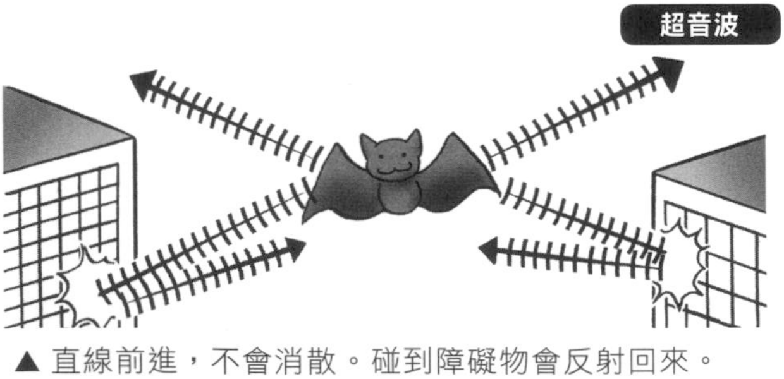

▲直線前進，不會消散。碰到障礙物會反射回來。

外，人類聽不見二萬赫茲以上的聲音（稱為超音波），這類聲音的特性就是不容易擴散且直線前進（直進性），因此超音波屬於可以傳遞至遠方的聲音。事實上，自然界中有些動物便是利用超音波與遠處同伴溝通，海豚與鯨魚即為一例。聲音在水中傳遞的速度優於空氣，海豚發出的超音波可傳遞至一千公里以外的地方。

此外，人類目前也在積極研究，利用超音波的直進性開發最新的通訊技術。個人通訊時就能透過兩台智慧型手機，以超音波互通聯絡。

▲潛水艇使用超音波聲納（探測器）進行探測。

超音波可運用在各種高科技機器上

超音波具有強烈直進性，也會直線反射回來，可輕鬆將振動能量集中在某一點上。利用這項特性即可擴展超音波的用途，除了一般通訊之外，還能應用在聲納、雷達、各種感測器、醫療手術刀、鑽頭、馬達、顯微鏡等不同領域的高科技機器上。

▶讓刷牙變得更輕鬆的電動牙刷，利用超音波振動清潔牙齒。

◀搭載超音波感測器的汽車，只要接近障礙物就會發出警告音。

▶利用超音波檢查儀，檢查孕婦肚子裡的胎兒狀態。

「增殖藥水」是很危險的祕密道具？

增殖藥水

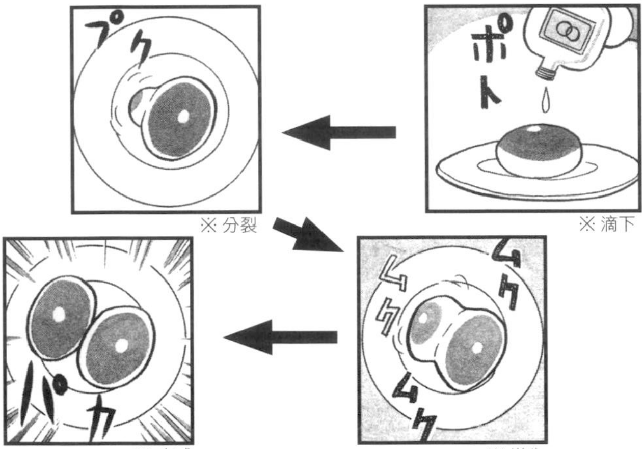

※ 滴下　※ 分裂　※ 增生　※ 完成

道具解說

將瓶子裡的液體滴一滴在物體上，該物體每五分鐘就會增殖兩倍，從兩個、四個，增殖到八個，依此類推。如果滴在食物上，只要食物沒吃完就會一直增加。老實說，這是十分危險的道具。

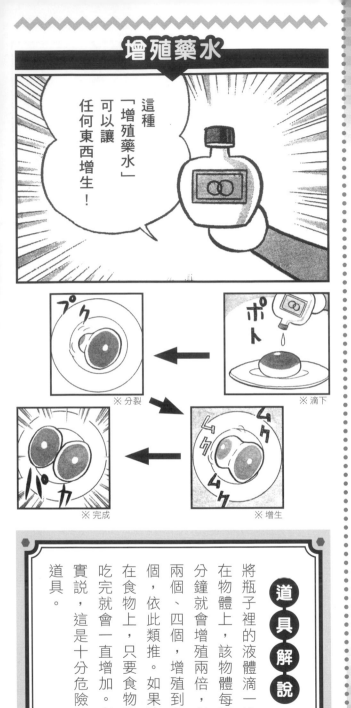

還是算了！
太危險了。
為什麼？

增加之後的饅頭要一顆不剩全部吃掉！
沒問題。

▲▶ 哆啦A夢認為這個道具太危險而拒絕借給大雄使用，這次好像有比較謹慎小心？

嗝！
快不行了。
パカ

※冒出

還剩一個快點吃掉啊。
呼！我不行了！
好像整個身體都甜甜的。

不要留下，要吃完！
我吃不下了。

▲▶ 可以一直吃美味的栗子饅頭，真的好幸福喔！可是，每個人的食量有限，怎麼吃就是會留下一個！

總有一天，地球就會被饅頭淹沒了。
怎、怎麼辦！

看你幹的好事！

※發射

ゴウ
只好把它們送到宇宙遙遠的另一端。

◀ 最後竟然是這樣的結局！難怪哆啦A夢一直很擔心。話說回來，將栗子饅頭包起來送到外太空去真的能解決問題嗎？

漫畫出處

《增殖藥水》

使用後若置之不理，不到一天整個宇宙可能就會充滿栗子饅頭！

宇宙空間也擠不下持續增加的栗子饅頭？

宇宙無限寬廣，光是銀河系就已經寬廣到令人不敢置信，更何況是宇宙。據說宇宙大小是銀河系的兩千億倍以上。下方介紹宇宙大小的計算方法，提供給大家參考。

總而言之，兆乘上億好幾次之後，即可算出宇宙的大小，真的可以說是「天文數字」。不過，這都比不上倍數成長之後的結果。大小比手掌還小的栗子饅頭，在倍數成長三百多次後，體積竟然變得跟宇宙一樣大！如果你不相信這個結果，不妨稍微試算一下，倍增至三十次就會發現，這個數字有多麼驚人了。

宇宙大小的計算方法與增殖藥水的驚人功效！

宇宙自大爆炸誕生後 **約137億年**

空間以光的2~3倍速度擴大

宇宙半徑超過 **390億光年**

1光年 **約9兆5000億km**

球體體積的計算方式為

4/3×π（圓周率）×半徑^3

因此宇宙大小就是

約4/3×3.14×（9兆50000億×390億）^{3}km^3

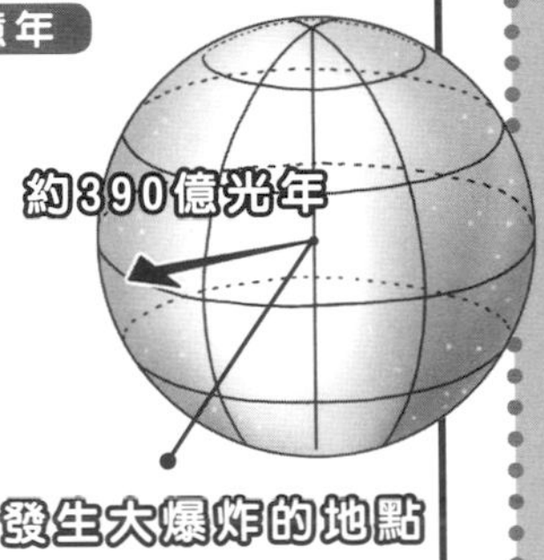

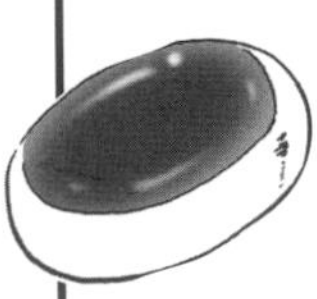

1顆栗子饅頭的大小 **約200cm^3** 。

若每 **5分鐘** 增值一倍……

不到 **24小時** 就會變得跟宇宙一樣大！

※ 宇宙不是正球體，為方便計算，本書以球體概略計算。
km＝公里，cm＝公分。

栗子饅頭本身的重量會形成黑洞？

影像提供／NASA

▲據說銀河系中心有一個超大黑洞！

根據計算，不到一天栗子饅頭就會塞滿整個宇宙。簡直可以造成宇宙崩壞的危機！

事實上，在宇宙崩壞之前，栗子饅頭就會先崩壞。在密集狀態下持續倍增，栗子饅頭的重力也會隨著數量增加越來越大，最後就會承受不住自己的重力而爆裂或形成黑洞。無論是哪種結果，栗子饅頭都會碎裂到不留下任何痕跡，增殖藥水的效果也會消失。幸虧如此，宇宙不會面臨崩壞危機。

栗子饅頭形成黑洞的理論

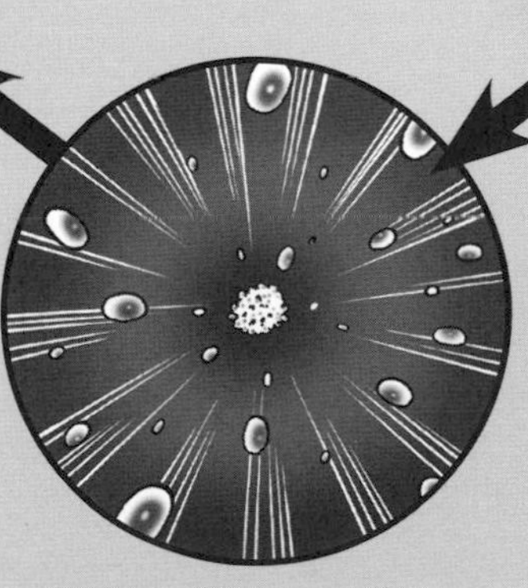

1 栗子饅頭不斷增加

兩小時二十分後，栗子饅頭增加到一億倍以上。三小時二十分後增加超過一兆倍。

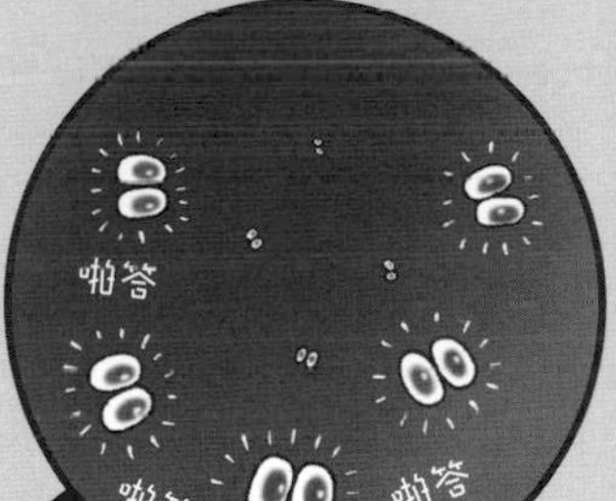

2 重力使栗子饅頭聚集在一起

數量繼續增加，栗子饅頭本身的重力也會變大，越來越密集。

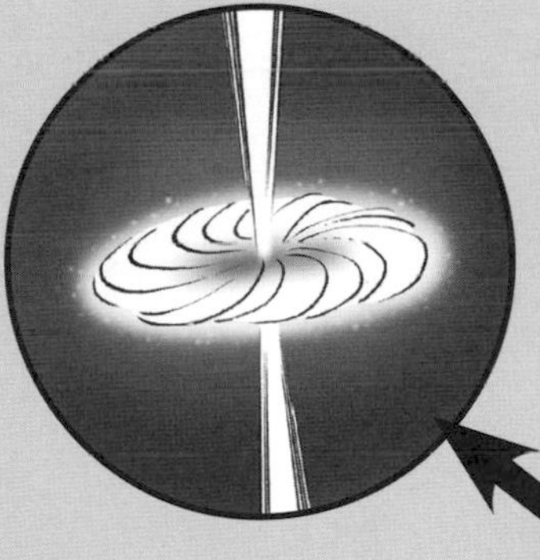

3 最後形成黑洞！

最後自己的超重力形成了黑洞，增殖效果到了這個階段就會停止……嗯，應該會吧！

特別專欄 如果一個道具無法滿足需求……

搭配組合可發揮無限效果！

在解說「任意門」（請參閱第十二頁）時曾經說過，即使是未來世界的道具，也無法發揮其本身用途以外的功能。技術力不足與開發成本太高都是原因之一，而且也需要考量是否符合道具原本的研發目的。若因為增加功能影響原本的使用方法，反而本末倒置。此外，設計只有極少數人才用得到的功能，也會因為目標族群太小而浪費資源。例如大雄曾經很想要一台「用鼻子吃義大利麵的機器」，像這種情形就算推出了專用道具或在其他道具附加這項功能，可能也沒什有麼人需要……。

▲在大長篇《大雄與惑星之謎》中大放異彩的組合道具。

其實，只要結合多項道具，就能滿足特殊需求。例如「探險遊戲組合包」這類的祕密道具大拼盤就很方便實用，也能自行發揮創意，創造無限的搭配方式。如果你也遇到了找不到適合道具使用的情形，不妨嘗試搭配組合！

▲利用「釣魚幫手」和「活動釣魚池」釣魚，再用「縮小燈」變小放進水槽裡，乘坐「潛水艇」潛入水中，立刻在家中完成一座海底公園！

利用道具彌補道具的缺點！

有些道具雖然很好用，卻具備難以想像的缺點。搖一次就會得到三百日圓的「惡魔卡」就是最好的例子，每使用一次這項夢幻道具，身高就會縮小一公釐。大雄就是因為使用過度，身體縮小到快要看不見，幸虧在千鈞一髮之際使用「放大燈」讓他恢復原狀。

※蹦

▲ 從毯子現身的惡魔給了大雄一張「惡魔卡」。

▲ 利用「放大燈」恢復縮小的身高。

此外，可幫助記憶筆記本或書籍內容的「記憶麵包」也有缺點。例如必須全部吃下去才能記住，而且上過廁所之後，就必須重新吃過才行。不過，若搭配吃下一點就能擁有無窮食慾的「迷你黑洞」一起使用，就能輕鬆彌補原有缺陷。由此可見，就算道具本身有缺點，只要使用其他道具補強即可！

▲ 每個人能吃多少都是固定的……。

※津津有味

▲ 利用「迷你黑洞」大勝胖虎！

我們可以像『天氣箱』一樣控制天氣一會兒下雨，一會兒放晴嗎？

天氣箱

◀▲大雄很久以前離家時曾經受到農家的幫助，為了報恩，使用「天氣箱」造雨。

道具解說

放入自己想要的天氣卡就能控制天氣。卡片有各種天氣型態，包括晴天、陰天、下雪等。放入手寫的天氣卡，天空就會降下大量與卡片圖形相同的物體。

▲明天就要遠足了，大雄和小夫打賭明天的天氣，輸的人要被揍三十拳。大雄賭的是與氣象預報相反的「晴天」，於是在家試用「天氣箱」，效果相當滿意，沒想到……

▲▶為了阻止胖虎舉辦驚悚的個人演唱會，大雄和哆啦A夢使用颱風卡製造颱風。可惜最後還是失敗了。

▲「天氣箱」製造的風將晴天的天氣卡吹不見了！當天晚上的天氣就跟氣象預報一樣──下大雨……幸虧哆啦A夢拿出「集雲桶」解救危機！

漫畫出處

《天氣箱》等

目前還在持續研究「人造雨」，距離實用階段還差一步！

可讓目標地區降雨

像「天氣箱」一樣利用人工方式隨意操控氣候的科技稱為「氣象控制」。其中最接近實用階段的是「人造雨」，這項科技可隨時讓天空下雨。

當我們抬頭望向天空，會看到由空氣中的水蒸氣冷卻凝固形成的細微冰粒，也就是白雲。這些冰粒會不斷吸收周遭的水蒸氣，變得越來越重最後就會往下掉。由於越接近地表的地方氣溫就越高，此時冰粒便會逐漸融化變成水滴，這就是「雨水」的形成過程（請參閱左頁插圖）。

人造雨便是著眼於「從雲轉換成雨的過程」，利用飛機噴灑乾冰和碘化銀等「催化劑」來製造雨源。這樣的方法稱為「雲種散播」。這類的技術，目前世界各國的科學家正積極的進行各種實驗中。

自五十多年前開始，人類就一直想要開發人造雨技術，可惜長年以來一直無法提升「在想要的時間與地點降雨」的準確度。近年來不斷嘗試改變催化劑，亦即乾冰和碘化銀的分量，或是利用電腦模擬觀測雲的狀態，不斷的進行改良，希望早日能將這項技術運用在現實世界中。

下雨的自然原理與人造雨

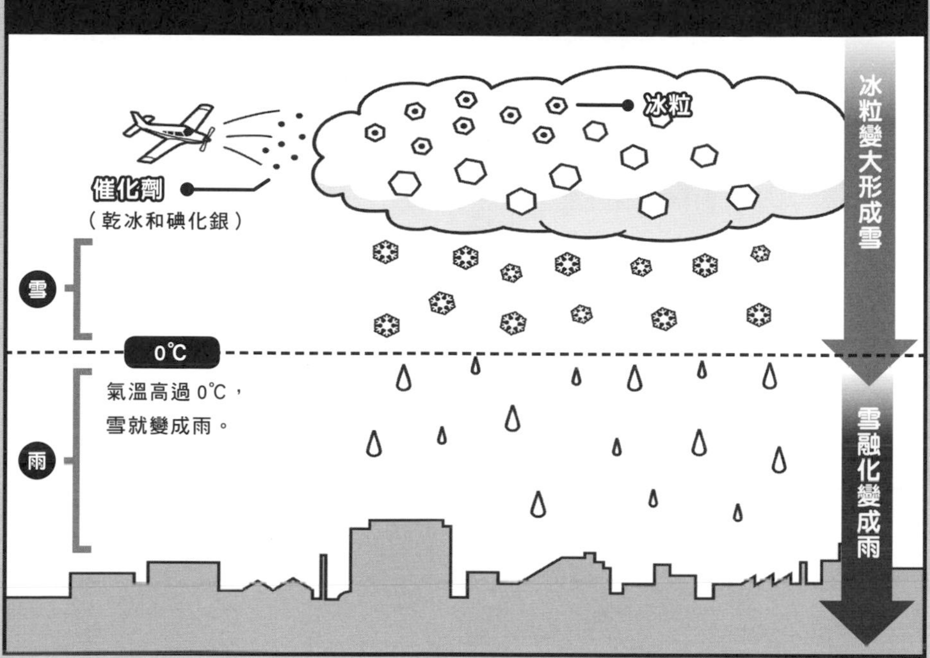
冰粒
催化劑
（乾冰和碘化銀）
雪
0℃
氣溫高過 0℃，
雪就變成雨。
雨
冰粒變大形成雪
雪融化變成雨

「北京奧運」就是人造雨的成功範例

二〇〇八年北京奧運的開幕典禮，就是近年來最成功的人造雨範例。

北京市當天的氣象預報是會有「雷雨」發生。於是北京市政府便在開幕典禮的數小時前，發射了約一千發左右的火箭彈，在雨雲區裡散布碘化銀，讓雨雲在進入北京市之前先行降雨，藉此消耗降雨雲塊。其結果相當成功，順利消除了原本會覆蓋北京上空的雲，讓開幕典禮在晴朗天候下完美落幕。

目前人造雨最急迫的課題有兩項，分別是「確立在必要時可以確實降雨的技術」以及「解決原本應下雨地區缺雨的負面影響」。只要克服這兩大課題就能將這項技術應用在世界各地，解決缺水問題並成功預防沙漠化。

嘩啦！
嘩啦！

我們可以像『夢境電視』一樣，偷看別人做的夢嗎？

夢境電視

道具解說

可從電視螢幕看見別人做的夢。不只可變換頻道，還可配合使用者調整方位與距離，找到最好的窺夢位置。另有眼鏡版的「窺夢眼鏡」。

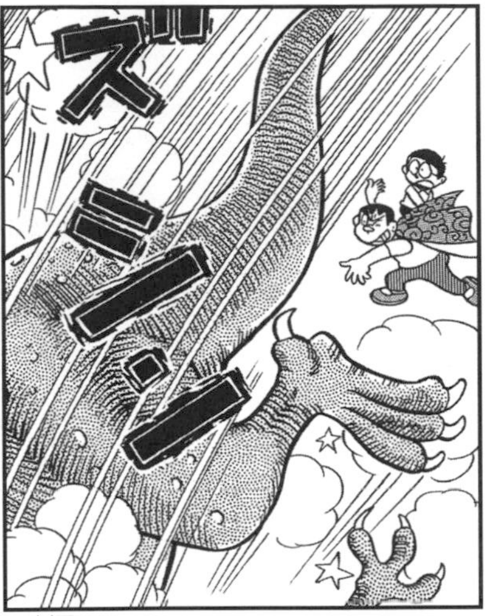

※倒下

胖虎的夢

哇啊！
咿！
呀啊！

什麼嘛，真難看。
我不記得有拍過這種電影啊！

◀▲ 與平常不同，胖虎在夢中是一個大英雄。他一把抓起怪獸往前丟，救了愛哭的大雄一命。

小夫的夢

※鞭打

處罰你們，每人鞭打一百下。
呀啊！
救命啊！

老師！不可以對學生使用暴力！

▲ 小夫在夢中變成一位高大挺拔的帥哥，出面遏止正在嚴格訓斥學生的老師。

大雄的夢

▶▼ 大雄後來在不知不覺中睡著了，他還夢見自己正利用「夢境電視」偷看靜香的夢。真是煩人哪！

但一定……
會有騎著白馬的王子來救我的。

為什麼要騎豬呢？
馬太大了，我會怕嘛。

漫畫出處

《夢的電視機》等

A 雖然無法將人看到的東西完全變成影像，但目前已經有類似的技術。

有幾個方法可檢視大腦的活動狀況

大腦內部是真正做夢的地方。想要製造夢境電視，就必須先了解人類大腦會出現什麼樣的影像。大家可能會覺得這是天方夜譚，事實上，並非不可能。

大腦遍布無數微血管和神經細胞，只要利用MRI與腦波計這類儀器，就能檢測到大腦活動時，使用部位的血流量會突然暴增，神經細胞還會有電流通過等現象。這些儀器原本用來檢查大腦疾病，但ATR腦情報研究所的神谷之康教授認為，這些儀器也能用來解析大腦看見的影像。

具體來說，他使用的是fMRI（功能性磁振造影，利用磁振檢測血流狀況並轉化成影像的儀器）。這項儀器可以檢測工掌大腦視覺資訊的視覺皮層。進行實驗時，神谷教授會讓實驗對象看各種圖形，其目的是為了找出看到的圖形與fMRI顯現的影像之間的規律。解析完龐大的實驗數據後，終於釐清兩者之間的關係。

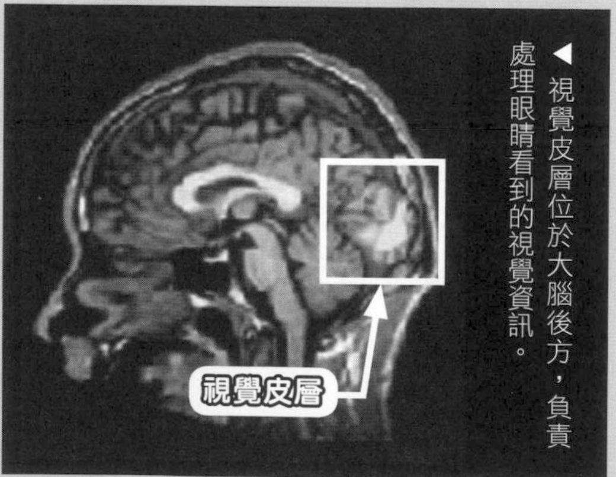

◀視覺皮層位於大腦後方，負責處理眼睛看到的視覺資訊。

影像提供／ATR腦情報研究所

目前正積極進行解讀大腦影像的研究

神谷教授根據前項研究找到的規律，製作出「大腦解碼」系統。這項系統會從大腦擷取人類看見的視覺資訊並製成影像。左邊就是實驗圖像，雖然很簡略，但能做到這個程度已經令人感到驚訝，這可說是實現「夢境電視」的先驅技術。

這就是實驗圖像

這是龐大的實驗圖像中的極小部分。隨著今後研究蓬勃發展，一定可以製成更鮮明的圖像或彩色圖像。

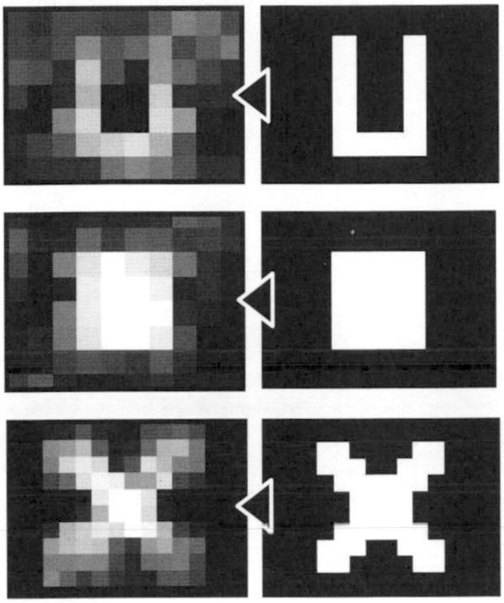

影像提供／ATR腦情報研究所

[大腦解碼實驗]

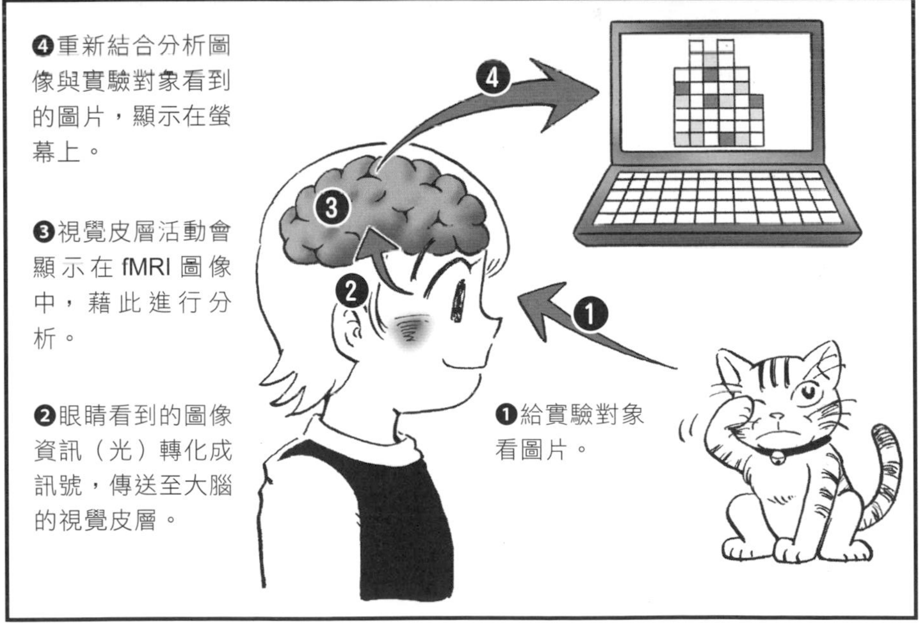
❹重新結合分析圖像與實驗對象看到的圖片，顯示在螢幕上。
❸視覺皮層活動會顯示在 fMRI 圖像中，藉此進行分析。
❷眼睛看到的圖像資訊（光）轉化成訊號，傳送至大腦的視覺皮層。
❶給實驗對象看圖片。
4
3
2
1

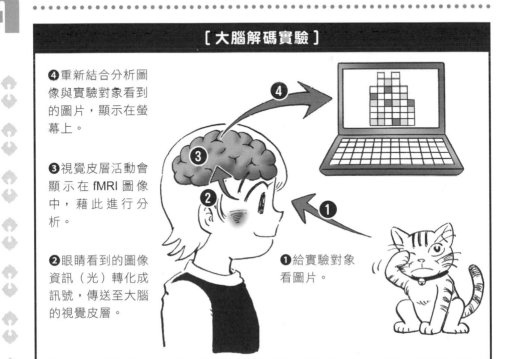

現在已經有與『房子機器人』一樣的家，這是真的嗎？

Q

房子機器人

「房子機器人」。
喂！房子!!
如果變成機器人就回答我。
我是本房子的機器人。
※嘎～

道具解說

裝在房子正中間的天花板上，整棟房子就會變成機器人。房子機器人會自行完成打掃等各種家事，不過若是惹它生氣，後果將不堪設想。說自己家壞話的胖虎就被房子掃地出門，一定要小心！

你自己裡面有點亂耶。
你說得對！
我馬上整理。
※嘎～

▲大雄家就是利用電視與房子機器人溝通。雖然對象是機器人，但哆啦A夢和大雄都不敢對它頤指氣使。

收音機播放輕柔的音樂…
可以舒服的讀書。

▲即使沒有直接要求，房子也會自動讓裡面的人過得舒適自在。

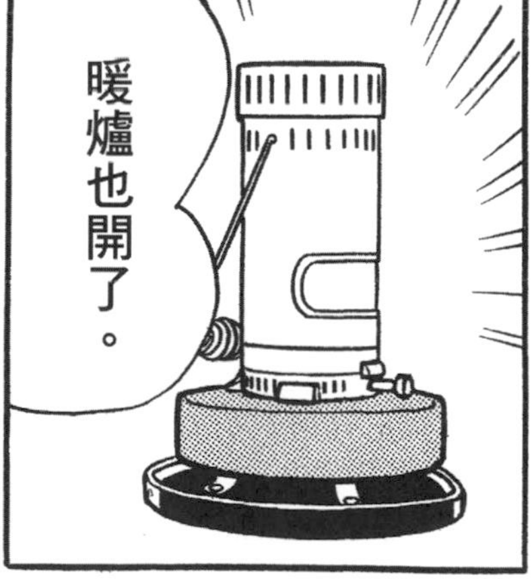
暖爐也開了。

▶可隨心所欲控制各種家電，無論是吸塵器、收音機或暖爐都能發揮功效。

漫畫出處

《我家就是機器人》

雖然家中設備越來越自動化，但整棟房子變成機器人還需要點時間。

變聰明的住宅也能愛護地球？

雖然目前還無法製造出擁有自我意志的房子機器人，但結合新概念的住宅陸續誕生。可巧妙掌控家庭能源消耗量的「智慧住宅」就是最好的例子。

「智慧住宅」具備以下幾項特性，首先就是「智慧電網」。智慧電網是一種次世代輸電網路，並非單純接收發電廠輸送過來的電力，而是主動請求發電廠輸送家庭所需的足夠電力，減少不必要的電力浪費。接著再利用太陽能和風力等方式進行「自宅發電」，自行在家中製造電力。此外，儲存電力的「蓄電」系統也很重要。一般最常用的是電動車的蓄電池。

像這樣利用HEMS（家庭能源管理系統）發電、蓄電，再透過IT（資訊技術）計算並控制消耗電量的房子，統稱為「智慧住宅」。不僅節能環保，還能省下電費，可以說是現代人夢寐以求的環保極致住宅！

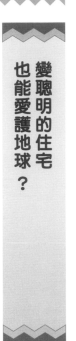

吸塵器也進化成機器人？持續進化的電子產品！

房子機器人的優勢在於只要對它說話，家中電器就會開始運作。以現代科技而言，將整棟房子變成機器人確實有其難度，但某些家電用品已經推出智慧型機器人，其中以吸塵器進化得最快。家電廠商推出的機器人吸塵器「COCOROBO」就是仿效海豚的做法，利用超音波感測器避開障礙物，清潔家中的每一處角落。使用者只要對它說「幫我打掃乾淨」，它就會回答「遵命」，並立刻開始吸塵。不僅如此，它還會自行評估剩餘電力，需要時主動回到充電台充電！更棒的是，透過裝載專用遙控器的「COCOROBO」，即使出門在外也能利用智慧型手機操作其他家電，例如空調、電視、LED燈具等。

像這樣利用網路連結的家電稱為「智慧家電」。今後智慧家電將成為右頁介紹的「智慧住宅」不可或缺的家庭幫手，房子機器人或許也會在不久的將來正式推出。

影像提供／夏普

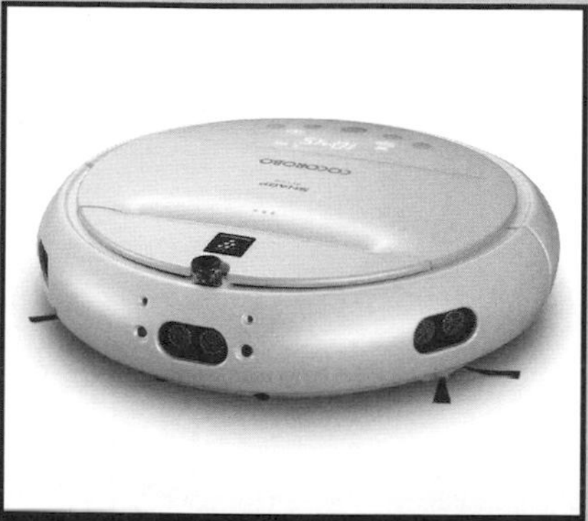

▲可透過簡單的對話操控，出門在外時也可以透過它遙控家中電器的「COCOROBO RX-V100」。

還有更多 相關祕密道具

「家庭氣氛變換機」

可以改變家庭氣氛的機器。舉例來說，變換成「快樂」的氣氛之後，即使上廁所也會像玩遊戲般感到有趣。

會出現快樂的音樂迎接貴賓。

※叮咚叮咚

現代科技能像『透明披風』一樣讓人隱形？

透明披風

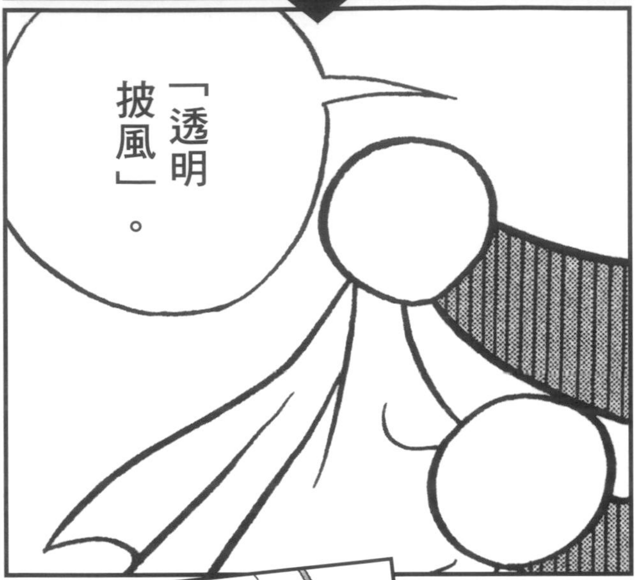

▶為了幫助一無是處的祖先，大雄變成隱形人制伏敵軍主將。

道具解說

只要將透明披風披在身上，即可讓身邊的人看不見自己。只要注意不發出聲音或撞到物體，就不會被任何人發現，悄悄行動！另一項道具「隱形斗篷」無論外觀和功能都與透明披風極為相近。

◀▲為了窺視大雄和靜香的婚禮而前往未來，查看婚禮前一天的情形！看到已經成年的大雄一直在看電視，於是披上「透明披風」潛入已經成年的靜香家……。聽到父女之間真情流露的對話，大雄和哆啦A夢不禁感動落淚！

漫畫出處
《祖先！加油！》等

▲Ⓐ「隱形斗篷」與「透明披風」幾乎一模一樣！胖虎利用撿來的祕密道具設了陷阱，阻擋了變成隱形人的大雄。Ⓑ為了接近小夫的「無敵砲台」而披上「隱形斗篷」。Ⓒ為了躲避不知從哪裡來的學校假面而披上「隱形斗篷」……！

目前正在研發透明人的製作技術，將運用在安全駕駛等領域中！

簡直就像變色龍！完全融入周遭環境！

目前公認最有效的透明人製作技術共有兩個，一個是「逆反射投影技術」（RPT）。簡單來說，就是像變色龍完全融入周遭風景一般，讓人不容易辨識的「偽裝」技巧。在人體投射背景，使他人產生錯覺，以為眼前的人消失了。

具體原理請參照下方示意圖。請大家特別注意塗在衣服上的「定向反光材料」，這項材料正是讓人變透明的關鍵。正常來說，照射在物質上的光會往四面八方反射，照射在這項材料的光則會像鏡子一樣，往照射過來的相同方向反射回去。不過，它與電影院裡一定要垂直照射光線的平面銀幕不同，材料本身呈現斜角，即使產生皺褶也能將光往同方向確實反射回去。當人穿上塗了「定向反光材料」的衣服，再利用投影機將事先用相機拍下的背景照片投影在人的身上，就能產生隱形效果。這項技術的缺點就是投影機投影的背景，與看的

［逆反射投影技術］

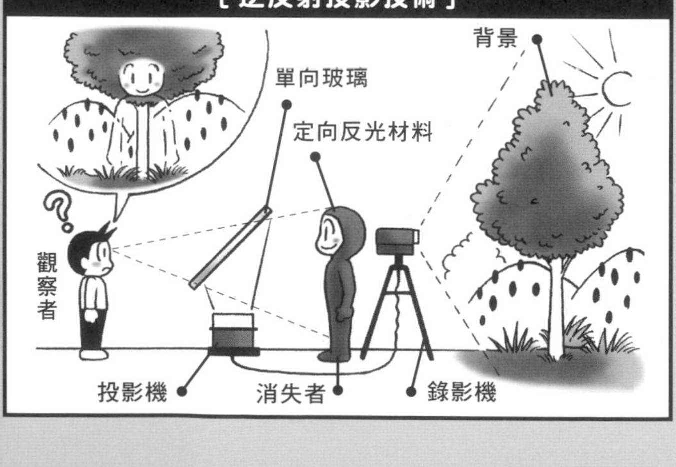

人的視線之間如有落差，就會減損隱形效果。此時只要利用單向玻璃（外側的光加以反射，內側的光予以穿透）即可彌補缺點。

目前已有廠商將這項技術運用在開車上，開發出「透明 Prius」車款。最初的點子是來自於只要讓汽車後座變透明，就能提升倒車安全性，幫助駕駛者順利停車的想法。此外，這項技術也運用在各種領域之中，例如醫生進行診療時，可直接看到患者的骨骼或臟器，去除其他不必要的部分，提升準確性。

影像提供／慶應大學稻見研究室

▲這是使用逆反射投影技術完成的隱形人。不斷投影實境影像，就能避免持續變動的背景與投影在衣服上的背景出現落差。

如果光可以自由折射繞射……？

另一個技術則是利用「超材料」（metamaterial）控制光的反射方法。人之所以看得見東西，是因為光照射在物體上，物體反射的光進入眼睛的關係。不過，若問只要不反射光，是否就能變透明？答案是否定的。由於背景被物體遮住，因此人還是會知道物體的存在。想要真正變透明，就必須讓背景的光繞到物體表面才行。由於自然界中不存在這樣的物質，只好以人工方式製造，這就是超材料的由來。據說這項技術已成功使用在微小物質上。

［超材料示意圖］

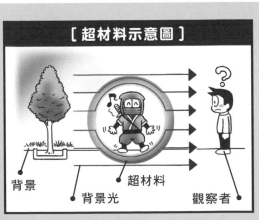

我們可以像『人體遙控器』一樣，控制別人的前進方向嗎？

人體遙控器

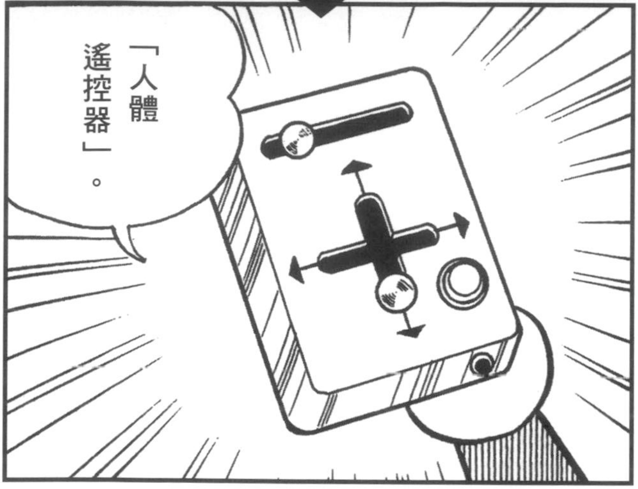

◀▲按下按鈕就會從洞孔發射接收器，讓接收器黏在自己想操控的對象身上即可。

道具解說

將特殊接收器黏在自己想要操控的對象身上，就能隨心所欲的控制任何人。利用可前後左右移動與調整速度的操縱桿進行控制，還搭載方便實用的自動操縱裝置。

就這樣一直向前走。

轉身
?

向左！

向右。

▲▶胖虎認為其他隊員表現不好，導致「胖虎棒球隊」成績慘淡，因此展開特訓。哆啦A夢想要幫助那些可憐的隊員，於是利用「人體遙控器」操控胖虎！

※轉彎

生物控制器

「生物控制器」。

▲「生物控制器」是一款可以控制小狗等動物的祕密道具。外觀和使用方法都跟「人體遙控器」一樣。

切換到自動操作系統去吧！

▶▼擔心被胖虎發現自己在操控他而被揍一頓時，只要使用自動操縱裝置就能輕鬆解決問題。不過，在自動操控的狀態下，使用者無法以自己的意志控制胖虎的行動。

去哪裡？
不知道，因為是機器操作的！

漫畫出處

《人體遙控器》等

目前有人正在研發可自然引導動物的裝置，不過其目的並非像遙控器一般任意操控！

自然引導動物的行為

目前有人正在研究類似這款祕密道具的裝置，不過其目的絕非「支配或強行控制動物行為」。

若有人任意要求你「往前走」而你不想走，相信你一定不會按照對方說的話做。不只是人類，所有動物皆是如此。

不過，當一個人想做什麼，身體自然就會動起來。因此，現代版的「生物控制器」是以「讓動物自然想做」為主題進行各種研究與開發。

大阪大學前田太郎教授的研究室，正在研究開發一種裝載在人類頭部的裝置，稱為「寄生人」（parasitehuman），藉此誘導裝載者的行動。

位於人類耳朵深處的「三半規管」，是用來保持身體平衡的感測器（請參照下圖）。寄生人利用電流刺激該部位，使人產生錯覺，藉此引導行為。

在此舉個簡單的例子，假設現在讓裝載寄生人的實驗對象往前走，透過寄生人使其產生「身體往旁邊傾的

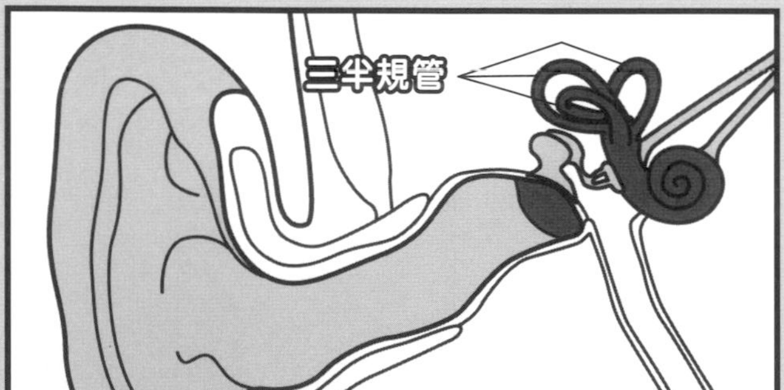

▲ 人類的三半規管

感覺」。此時，三半規管會向大腦發出「往回調整身體，讓身體保持直立姿勢」的訊號。事實上，身體傾斜的感覺是裝置傳送出來的錯覺，因此實驗對象會在不知不覺間朝裝置指引的方向走去。

未來若能完成可引導手指動作的寄生人，就能運用在沒有醫生的災難現場，讓一般人能自然做出醫生診治病患的動作。

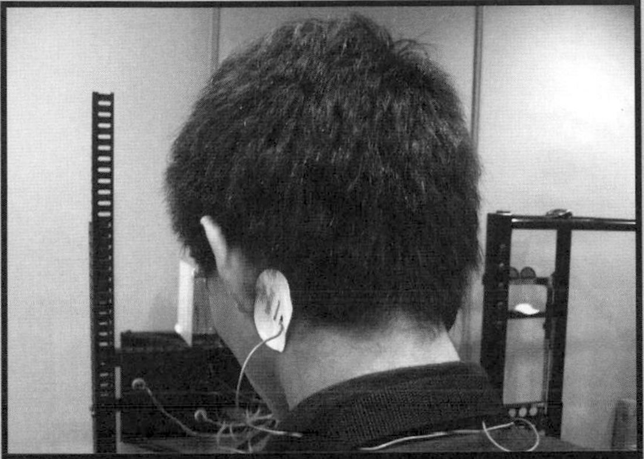

▲ 裝載在耳後的寄生人

影像提供／大阪大學工學部

有些研究著眼於生物本能

美國北卡羅萊納州立大學正在研究，如何讓馬達加斯加蟑螂成為災難現場的救災小幫手。讓蟑螂背著小型電子裝置，利用電流刺激觸覺，就能像「拉繩駕馬」一樣隨心所欲的控制蟑螂行動。

話說回來，為什麼要以蟑螂作為實驗的對象呢？其實原因很簡單，因為「蟑螂擁有堅強的生命力，即使處於危險狀態也能找到存活下來的方法」。由此觀點來看，蟑螂可以說是人類最值得信賴的「夥伴」！

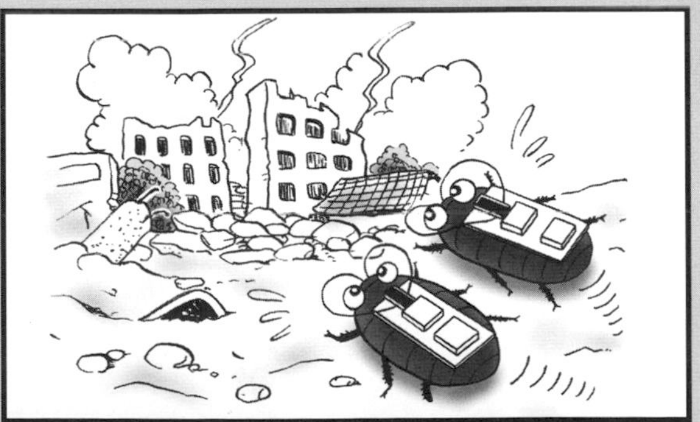

▲ 蟑螂在崩塌大樓等危險地方，也能小兵立大功！

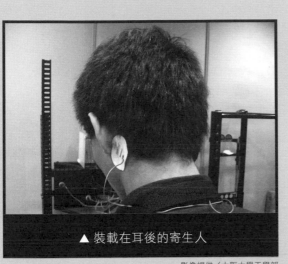

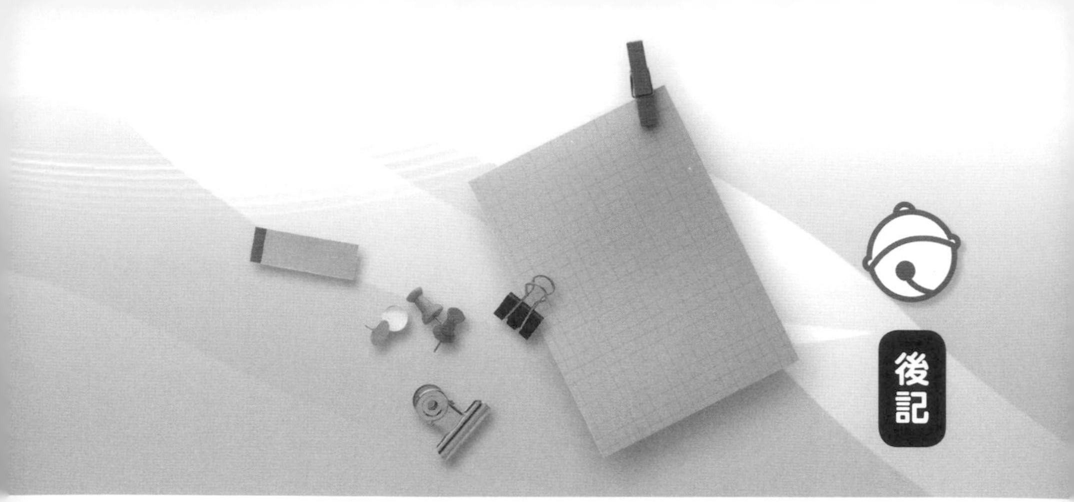

後記

哆啦A夢總是在我身邊

稻見昌彥

慶應義塾大學研究所媒體設計研究科教授。東京大學研究所工學研究科博士課程結業。工學博士。持續發表各種獨樹一格的研究報告，包括光學迷彩系統，或是與機器人一起煮菜的「Cooky」系統等，可說是「現代祕密道具開發者」。

每次到科學館或兒童科學教室演講時，最常被問到的問題就是：「教授，請問您念小學時是個什麼樣的學生？」小時候我最喜歡閱讀《哆啦A夢》漫畫、儒勒・凡爾納寫的《海底兩萬里》等科幻小說，而且我最喜歡逛科學館。

小學時，我每天都看《哆啦A夢》，看到可以倒背如流的程度。我現在是一位真正的工學博士，當時的我可說是「哆啦A夢博士」。我很羨慕大雄，因為他身邊總是有哆啦Ａ夢相伴。無論遇到任何狀況，哆啦Ａ夢都會拿出未來世界的「祕密道具」幫大雄解決問題。

我和大雄一樣不擅長運動，每次被父母罵、遇到不會寫的功課、在學校發生討厭的事情時，我都會一直打開抽屜，看看哆啦Ａ夢會不會從裡面跑出來。可惜哆啦Ａ夢從來沒在我眼前出現過。

有一天，我下定決心，不再等待哆啦Ａ夢的到來。看了好幾遍《再見！哆啦Ａ夢》，裡面的台詞「總是依賴別人的人，永遠無法獨當一面」深深刻印在我的腦海裡。後來我研讀科學與科技技術，希望有一天我能靠自己的雙手製作出「祕密道具」。

進入大學念書之後，我的夢想是親手製作機器人以及各種「祕密道具」，於是和同學一起摸索研究。本書介紹的現代版「透明披風」是利用「逆反射投影技術」製成的新發明，就是我的研究成果之一。

現在回頭想想，哆啦Ａ夢一直在身邊陪伴我。小時候遇到討厭的事情或想要逃離的狀況，我就會想要大喊：「哆啦Ａ夢，救救我！」不瞞大家，雖然我現在已經是大人了，

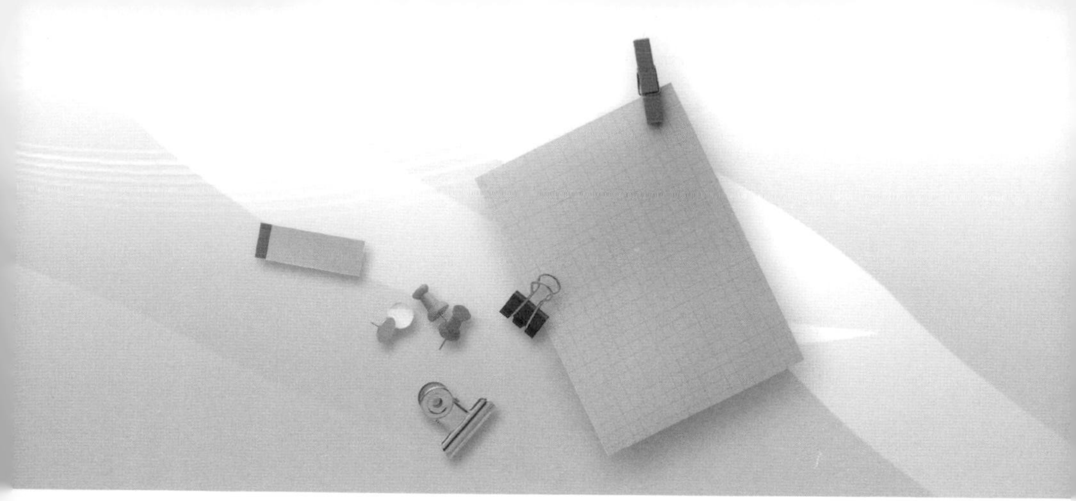

但不知該從哪個方向進行研究時，還是想要大喊：「哆啦A夢，救救我！」每當這個時候我就會重新看一次《哆啦A夢》。

《哆啦A夢》並非輕描淡寫未來世界的存在，而是讓未來世界的「祕密道具」出現在現實世界中，滿足現在社會的需求。每個人都會希望「讓這個世界變得更便利」，關鍵在於如何實現。關於這一點，可以在《哆啦A夢》中找到許多啟發。裡面的每一篇內容都讓我們深刻感受到，「祕密道具」可以如何改變我們的生活。故事以道具為主體，描繪這項道具改變登場人物的日常生活，這樣的劇情不只是《哆啦A夢》的魅力所在，同時也是從事研究的重要觀點。

我所屬的研究所中，不乏從亞洲各國前來進修的留學生，很多人從小都是看《哆啦A夢》長大的。長大後由於嚮往創造出《哆啦A夢》的日本，才會到此留學。我受邀前往國外大學演講時，只要提到《哆啦A夢》，所有人都會展露笑容，熱烈參與討論。由此可見，《哆啦A夢》具有超越國界的魅力。曾經閱讀過《哆啦A夢》

的研究學者和技術人員，如今仍持續散布在世界各國。

發明立體影像技術「全像攝影」的丹尼斯．蓋博博士曾經說過：「雖然未來無法預測，但我們可以發明未來。」我小時候閱讀《哆啦Ａ夢》或科幻小說時，都在腦中想像未來世界的模樣。小學時期的我靜靜等待哆啦Ａ夢的出現，當時我從來沒想過自己有一天可以做出某些「祕密道具」！

光是等待是不會等到那樣的未來世界，未來是靠我們的雙手「發明」出來的。今後大家還會繼續學習更多知識，衷心希望本書能帶來啟發，幫助大家創造自己的未來。

你願不願意跟我們一起發明哆啦Ａ夢的祕密道具？或許未來有一天，我們也能發明出哆啦Ａ夢喔！

你別小看我！我一個人也做得到的。
我答應你！

哆啦A夢科學任意門 ❺

神奇道具大解密

●漫畫／藤子・F・不二雄

●原書名／ドラえもん科学ワールド—— ひみつ道具 Q&A

●日文版審訂／ Fujiko Pro、日本科學未來館

●日文版撰文／窪內裕、丹羽毅、神谷直己

●日文版版面設計／ bi-rize

●日文版封面設計／有泉勝一（Timemachine）

●日文版編輯／ Fujiko Pro、杉本隆

●翻譯／游韻馨

●台灣版審訂／陳正治

發行人／王榮文

出版發行／遠流出版事業股份有限公司

地址：104005 台北市中山北路一段 11 號 13 樓

電話：(02)2571-0297　傳真：(02)2571-0197　郵撥：0189456-1

著作權顧問／蕭雄淋律師

2016 年 1 月 1 日 初版一刷　2023 年 12 月 1 日 二版一刷

定價／新台幣 350 元（缺頁或破損的書，請寄回更換）

ISBN 978-626-361-284-6

遠流博識網　http://www.ylib.com　E-mail:ylib@ylib.com

◎日本小學館正式授權台灣中文版

●發行所／台灣小學館股份有限公司

●總經理／齋藤滿

●產品經理／黃馨瑝

●責任編輯／小倉宏一、李宗幸

●美術編輯／李怡珊

國家圖書館出版品預行編目（CIP）資料

神奇道具大解密 / 藤子・F・不二雄漫畫；日本小學館編輯撰文；游韻馨翻譯. -- 二版. -- 台北市：遠流出版事業有限公司，2023.12

面；　公分. --（哆啦A夢科學任意門；5）

譯自：ドラえもん探究ワールド：ひみつ道具 Q&A

ISBN 978-626-361-284-6（平裝）

1.CST: 生活科技　2.CST: 漫畫

400　　112016049

※本書為 2013 年日本小學館出版的《ひみつ道具 Q&A》台灣中文版，在台灣經重新審閱、編輯後發行，因此少部分內容與日文版不同，特此聲明。